貓咪的
腦部訓練

完整圖解教學33個簡單卻多樣化的大腦訓練遊戲！

克萊兒‧艾洛史密斯(Claire Arrowsmith)◎著

楊豐楙◎譯

晨星出版

目　　次

Chapter **5**

針對比較好動的貓

Chapter **6**

給較有創意的飼主

作者的筆記

大腦遊戲是為所有種類的貓設計的，但在遊戲敘述當中我選擇將其形容為雄性。此舉純粹是為了在敘述上較為方便，並不是説這些遊戲不適合母貓。

準備

第 1 部份

玩大腦
遊戲

了解你的貓

身為本書的讀者,你應該已經用某種方式將貓咪迎進了你的生命之中。實際上,貓咪近年來已經成為了最受歡迎的伴侶寵物。他們的大小、順應性與適合我們現代生活方式的性格讓愈來愈多家庭養起了貓。目前世界上的家貓大約有六億隻之多。

然而,等待拯救、重新安置或接受行為治療的寵物貓數量之巨,這也說明了有許多的貓在快樂、健康或貓科動物需求等方面未能得到滿足。

本書的目的並不是要培養出一隻善於表演的貓,而是要讓你能多花點時間陪伴貓咪,多了解貓的能力,並為其提供刺激與娛樂。

貓科動物的歷史

貓從野生動物轉變為居家伴侶的歷史極其複雜卻又引人入勝。家貓的「馴化」過程相當寬鬆,和其他作為寵物的物種相比,這是相當特別的一點。

雖然歷史資料會隨著最新發現而不斷更新,但目前普遍認為家貓大約是在一萬年前開始被馴化的。巧合的是,人類也大約是在這個時期開始發展農耕技術並儲藏穀物的。這樣的習性會引來小型齧齒類動物——就是如今常見的家鼠——一點也不令人意外,而其結果就是引來了當地的野貓。儘管世界各地都曾經嘗試馴服野貓,但只有阿拉伯野貓(Arabian Wildcat)真正成為了我們今天所知、所愛的家貓的始祖。

有很長一段時間,人們願意讓貓在居住地附近出沒,純粹是看上他們狩獵的能力。在沒有刻意育種下,這個物種一直都沒什麼變化。但有些貓比起其他貓還是有較大的轉變,像是暹邏貓,當初是有一小批馴化了的貓被運送到了東南亞,由於隔離於進一步的基因輸入,過小的

左圖:全世界有數以百萬計的貓被當成寵物飼養,而這些居家的伴侶都有著同樣的野生祖先,光想就覺得好棒。

人類起初會注意到貓
乃是因為他們的
狩獵能力。

基因庫讓這種貓與我們今天所熟知
的其他貓在外觀上大相逕庭。不過
他們仍舊與其他我們所熟知的品種
有著共同的祖先。

　　貓在英國生活已經有超過兩千
年的歷史，他們大約是在五百年前
抵達美洲，更在約四百年前踏上了
澳洲的土地，不過馴養他們的目的
始終沒什麼改變。他們能幫助人們
抑制鼠患、體型小到能輕易進住我
們的家中、培育速度快、能夠自給
自足、不需要投注太多心力照顧。

　　近年來，刻意培育特定品種的
風氣日盛。目前經認可的品種數量
已經達到六十多種之多，
還有許多混種與特定類
型的貓也在各個地區大
受歡迎。雖然有些

左圖：暹邏貓獨特
的外表是源於孤立
於遠東地區數世紀
的族群。

品種的貓在外觀上與眾不同，但
他們與其他的貓在基因上其
實並沒有太大的差異，一般
而言，貓的體態和大小都不會
相去甚遠。

　　貓的歷史背景本身就是個很有
趣的課題，但你大概還是會想問：
貓的歷史背景跟這本書
到底有什麼關係？

右圖：古埃及文明崇敬貓，
他們甚至會把貓當作神靈般
祭祀。不管是任何人，只要
殺了貓都有可能被處以死刑。

　　答案是：如果我們能
夠理解家貓演進過程，這
將對於我們看待他們的
方式、與他們互動的方
式以及我們對他們的整體期望都能
有極大的助益。跟他們的老祖宗們
相比，貓實際上並沒有很大的改變，
知道這一點將有助於解釋何以你的
貓會有那些行為舉止。有了更多的
理解，你也才能敞開心胸來滿足貓
的天性，而不是去試圖抑制它或甚
至防止貓科動物的本能行為發生。

貓的感官

觸覺 貓從出生之前就開始發展觸覺了，光是想想你的貓有多輕快靈敏，這件事情就似乎一點也不令人覺得驚奇了。隨著時間，貓已經成為了我們週遭最為敏捷與警覺的動物，而這個特點可以讓他們對於許多大腦遊戲得心應手。雖然不是所有的貓都熱中運動，但起碼這能讓他們稍微活動一下筋骨。

幼貓剛出生的時候並不具備視力，但他們仍然能感受到母親的味道。

上圖：貓的嗅覺相當敏銳。貓可以運用嗅覺找出食物、伴侶、天敵以及先前做了記號的領地。

安心的味道

有些貓的焦慮能在聞到讓他們感到安心的味道時獲得改善。費洛蒙是一種天然物質，動物會分泌費洛蒙藉此對同種的其他個體傳遞訊息。你可以購買人工合成出的貓費洛蒙，然後用噴霧器將其噴灑在家裡。這能使貓感到安心，讓他得以放鬆下來並投入某些遊戲當中。當他從這些活動中獲得滿足，他就能自然而然地快樂起來了。

嗅覺 貓的嗅覺十分敏銳，他剛出生就能聞得到味道，鼻子發展完全更只需要三個星期的時間。貓的嗅覺敏銳度起碼是人類的十倍，而他們所聞到的味道更會左右他們的情緒。對貓來說，聞起來的味道對食物的可口程度舉足輕重，所以有些老貓會對食物興趣缺缺。貓可以聞出你藏起來的點心，不過由於貓是那種擅長等候時機出擊的掠食者，所以他們經常會伏著身子、等待眼前的美食動起來，像是老鼠那樣。你可能會需要花點時間讓貓知道：有些遊戲會需要他的積極參與。

聽覺 貓剛出生的時候，聽覺並不像長大後這麼敏銳。不過，大概

脚掌與鬍鬚都是感官的一部分。

在一個月大的時候他就能獨立生活了，而也是在這個時候，貓的聽覺能力會完全成熟。貓的聽覺是用來偵測獵物所發出的聲音，而這些聲音是我們人類無法聽見的。

你的聲音貓聽得很清楚，所以你應該要盡可能避免對他大吼大叫或是用嘶啞的聲音對他說話。貓似乎較容易對較高、較活潑的音調、「親親」的聲音或是咯咯聲有反應，不過每隻貓都是獨立的個體，他們需要去習慣他們的飼主。

視覺 剛出生的幼貓眼睛是閉上的，大概要到一星期至十天之後才會睜開。視覺也是發展相當快速的感官，大概三個星期大的貓就能藉由視覺來獲取許多重要資訊。雖然貓是托許多感官之福才得以成為體態輕盈的獵手，但最突出的還是他的動態視力。

許多貓的腦部遊戲中都包含了快速移動的玩具，用以吸引他跟隨或是當作做出正確行動的獎勵。貓也可能喜歡追逐滾動的玩具或是會動的零食；準備好貓咪最喜歡的東西吧。

下圖：貓的視網膜後有一層反射層，能將光線反射回眼睛裡。這個構造讓貓具有優異的夜視能力，也正是因為它，貓的眼睛才會如此明亮閃耀。

為什麼貓咪要玩？

玩樂看起來是一種浪費時間的行為，但遊戲的許多特性卻能為動物帶來助益。我們知道玩樂能讓貓咪的生理機能獲得發展，活動能增進他們的力量與整體健康。在野外，貓每天的狩獵次數有可能會達到二十次之多。雖然我們很常看到他們在呼呼大睡，

陪小貓玩能讓你們更親近。

但這樣的日常生活讓他們能維持生理與心理的活躍。然而寵物的生活方式卻又意味著，如果貓咪不做些主人不樂見的行為，那麼他們將會很難找到足以維持健康的活動或娛樂。整體來說，我們必須記住，玩樂是件很有趣的事情。

幼貓的玩耍　約莫四週大的幼貓每天腦子裡想的都只有玩而已，雖然這種專注在玩的情況因貓而異，不過最起碼也會持續數個月之久。在這段期間裡，幼貓會透過與兄弟姊妹或其他家族成員玩耍來發展其體能與社交能力。若是缺乏玩耍的機會，成貓可能會不曉得該如何與其他貓進行互動。

牽絆　花時間在照顧幼貓、陪幼貓玩耍能幫助他們成長為一隻樂意與你互動的貓。你花在他身上的時間都是值得的：這能幫助你發掘他的能力與行為模式，也能讓你更輕易地知道他是不是有哪裡不舒服或是受傷了。

重點　許多人都誤解了玩耍對於貓咪掠食行為的作用。他們認為，若是教會了幼貓或成貓如何玩耍，貓咪就會有愈多他們所不想要的掠食行為。研究顯示這樣的想法根本是子虛烏有，雖然斷奶這段時間會對貓咪的狩獵表現有所影響，但不管你有沒有陪幼貓玩耍，你都無法以此預測他將來的行為。幼貓確實會在這段時間找到自己喜歡的目標，但無論有沒有人陪他玩，狩獵本能仍會持續發展，環

左圖：玩耍能讓貓咪磨練成為狩獵者所必需的技能。

境才是影響貓咪遇見什麼樣的獵物並學會狩獵的主要因素。

重要的兒時經驗

幼犬的主人總會被告誡社會化的重要性，但不幸的是，多數幼貓的主人都不會得到什麼有用的指點。由於幼貓在最初幾週的生活對於未來行為的發展相當重要，幼貓的主人經常因為如此而錯失良機。在大概九個星期大之前的幼貓都能在無憂無慮的狀況下吸收新資訊並接受新經驗，這些幼時的經驗能讓成長中的貓在不感受到壓力的狀態下應對更多事情。如果每天都能陪幼貓玩耍一小段時間，他們長大後和主人的關係就會更好，也更願意與主人有互動並接受環境中的挑戰。幼貓時期的行為模式只要有一點點的改變就會對貓咪有一輩子的影響。

較年長的貓 如果貓不是你從小拉拔長大的，你可能會覺得要跟他打好關係實在不是件容易的事。他可能不喜歡預料之外的事情，或甚至因此而動不動就受到驚嚇。這也可能會影響到他跟你玩耍的能力，不過好

右圖：你幾乎可以聽到他的呼嚕聲！平靜而滿足的貓咪是家中完美的夥伴。

在你還是有辦法找到一些東西來吸引他的注意。雖然你得要選擇一些比較沒有肢體接觸的遊戲，但他應該還是會發現有些事情能引起他的興趣。

也許你是從幼貓開始養起，你們的關係也很不錯，但你們沒有經常在一起玩。雖然有些貓很樂意享受新遊戲所帶來的樂趣，但若是貓在以前未曾以這種方式刺激過他的大腦（和身體）的話，最好不要對他抱有太高的期待，還是慢慢讓貓建立起興趣並燃起熱情為妙。

上圖：如果貓在幼貓的時候就有合宜的社會化，他會長成一隻健全的成貓，對肢體接觸感到相當自在，而主人也能樂在其中。

貓要怎麼學習？

人們總有個誤解，認為無法教導貓咪做出太多動作，會有這樣的認知是因為，貓咪對人類沒有那麼多的耐心，你只是鏟屎官耶？如你所知，貓會跟我們住在一起是為了獵捕老鼠，而我們也沒有花時間對他們進行育種、讓他們擅長於去做其他特定的工作。因此，從來沒有哪隻貓會像邊境牧羊犬那樣專注又渴望執行任務。

下圖：訓練貓需要投入大量的耐心與情感，但其成果絕對會讓你覺得值回票價。

左圖：貓是天生的獨行獵手，我們必須教他們如何玩遊戲。

貓一直是獨來獨往的獵手，他所擁有的社交能力完全取決於他所在的環境。不過要是你認為，由於很難鼓勵貓咪去做事所以他們學不會任何事物，那可就大錯特錯了。

學習過程 你不必精通於學習理論也可以訓練你的貓咪玩大腦遊戲，但對於「貓是如何處理資訊的」有所了解，能讓你對於「為什麼要有系統地、以特定方式對待貓」有正確的認知。有許多訓練家會因為無法達成他們想要的結果而感到灰心喪志，但追根究柢，往往是因為錯誤的時間、不切實際的期許或令貓困惑的指令所造成的。

習慣 一般的學習方式是產生新的反應，但這種學習方式卻不太一樣，它是要「不反應」。對大多數的動物而言，知道「發生什麼事情可以安全地無視」以及「發生什麼事情必須提高警覺」很重要。當個體認定特定事情對自己無關緊要的時候，他們就學會了忽視它，然後把時間跟精力放在更重要的事情上。相較於不習慣待在家裡或是曾經長時間待在貓舍裡的貓，那些習慣待在家裡的貓較容易放鬆下來，因為他們知道什麼聲音、什麼味道、什麼物體是可以不必放在心上的。當有貓咪做為新成員來到家裡，最好給他一點時間適應家裡的日常生活，在他安頓下來之前，不要急著開始大腦遊戲比較好。

敏感化　如果貓被某些事物嚇到，他們未來在面對類似的情境時就可能因此產生較激烈的反應。對貓而言，學會如何避免或應對可怕或危險的事物相當重要，但有時候這會讓貓變得過度敏感化，以至於他們對於並不危險或不可怕的事情過度反應或感到恐懼。

古典制約　有一種廣為人知的學習方式，源於著名的俄羅斯科學家伊凡・巴夫洛夫對於狗流口水機制所做的實驗，而這種學習方式適用於大多數的物種，包括蜜蜂、鴿子，貓當然也不例外。當某種中性的事件（一般情況下，對貓來說沒有任何意義的事情）與另一種會觸發反射式反應（無法控制的反應，像是看到食物會流口水）的事件一起出現時，就會逐漸形成古典制約。最常見的搭配大概是食物和其他事件了。當某中立事件（比方說，某種聲音）反覆地與食物一起發生，最終就算沒有看到食物，聲音本身就會讓動物流口水。一旦這種情況發生，我們就會認定已經成功地形成了制約。

操作條件　說到訓練貓，這其實就是一種學習，動物學習藉由某些特定的方式來控制環境，也就是說，貓能藉由表演某些特定的動作來使得獎勵出現。他們會學到，行動會產生某種結果，若是這個結果能讓他們開心（比方說，獎勵出現）的話，貓便會在未來選擇重覆這個行動。反覆行動會強化行動與結果之間的關係，這就是為什麼練習大腦遊戲並讓貓能成功得到獎勵可以讓練習在未來更加順利的原因。

擊掌代表快要可以拿到獎勵了。

上圖：技術上來說，我們運用操作條件來教貓玩遊戲。他會學到，只要他重覆特定的動作就能得到他喜歡的獎勵。

設計大腦刺激遊戲

幼貓多大可以開始玩？

幼貓只要一睜開眼睛，腦子裡想的幾乎都只有玩耍而已。這種對玩耍的渴望在幼貓的前四個月裡會一直保持高漲，然後才會開始穩定下來。在那之後，貓對於玩耍的渴望會因為個體不同而產生分歧，不過大部分的貓在他們的生活中還是會進行某種程度的玩耍。貓做好準備進行遊戲的時間點取決於他的年齡以及與你玩耍和訓練的相關

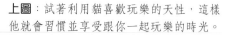

上圖：試著利用貓喜歡玩樂的天性，這樣他就會習慣並享受跟你一起玩樂的時光。

經驗。為了建立訓練模式並為其建立嘗試新事物所需的信心，你應該盡早鼓勵幼貓與你互動。雖然你沒辦法馬上教他什麼複雜的技巧，但盡早開始能使你有更大的機會讓他接受日常生活中的遊戲。

當球開始移動，遊戲就即將開始囉。

上圖：如果遊戲裡包含了會動的玩具，很容易會讓貓開始野性地追逐，最後以狩獵的撲擊與擊殺作結。

幼貓和成貓能玩什麼遊戲？

一般我們會覺得貓都是玩毛氈製的小老鼠或毛線球，而通常他們也只有這些東西可以玩，尤其是他們稍微長大了的時候。然而近年來

左圖：貓玩具的大小、形狀與顏色五花八門。

飼養寵物的大眾已經有了改變，推陳出新的寵物玩具市場也顯示出飼主很願意為了博取寵物的歡心而添購玩具與設備。不過實際上，多數的貓玩具都只是放在地板上讓貓能夠自得其樂，貓跟飼主之間的互動極其有限。這也不是那麼令人無法理解，許多貓往往會對玩具不屑一顧，或是在玩了幾分鐘之後便興趣缺缺，飼主也就因此理所當然地認為貓不喜歡玩耍。

沒有嘗試過與貓同樂，你永遠也不會知道你家的貓有多少潛能。

貓喜歡的遊戲種類不盡相同，有時候會取決於他們目前所處的貓生階段，有時候則取決於他們所能接觸到的遊戲類別。

快速移動的逗貓棒能讓幼貓為之瘋狂。

玩耍的類型

沒有人能保證你家的貓會喜歡做什麼。沒有玩過遊戲或「解決過問題」的老貓大概也不會有想要改變他們習慣的念頭，然而在生活中持續學習並做出改變並非不可能的任務。你家那隻能坐著就不站著、能躺著就不坐著、對玩樂看起來一點興趣都沒有的老貓大概永遠也不會變成一隻迅捷如風的貓，但他還是可能喜歡互動類型的遊戲，或是願意花點時間和耐性在以玩具為主的、較簡單的遊戲上。

上圖：同窩的幼貓會自然而然地一起嬉戲。這是他們認識這個世界的方法之一。

社交化玩耍　和手足與母親嬉戲是最早建立的遊戲類型，它能幫助幼貓熟悉自己的肢體能力並加強其社交連結。如果幼貓持續跟手足生活在一起或是遇見了其他年輕的貓，那麼這種嬉戲就將持續下去。不過，兩隻成年而沒有關係的貓會在一起玩耍就是很罕見的事情了。

上圖：貓對於物體為主的遊戲相當著迷，尤其是玩具在他們面前移動的時候。

左圖：像是追逐逗貓棒這種活動的遊戲能讓貓得以在家中安全的地方進行跑動、伸展、跳躍並揮擊。

獨自玩耍　如果沒有同窩的玩伴或是玩伴都已經累了的時候，幼貓就會自己跟自己玩，而這一樣能宣洩他的精力、發展其肢體能力並為其帶來好處。

貓會玩的遊戲類型

物體的遊戲　這種類型的遊戲涵蓋了所有以貓會進行互動的道具、玩具或物體。無論這些較小的道具是買來的還是飼主自己做的，貓都可以藉由跟東西玩耍來發展他的精細運動能力並同時娛樂自己。如果這種道具適合他的話，這類遊戲可以滿足許多貓科動物需求並消磨掉他們許多時間。

活動的遊戲　某些遊戲包含了追趕跑跳碰等動作。較年輕的貓往往很熱愛這種遊戲，這能消耗他們的精力並同時維持他們的體態。

動腦的遊戲　這類遊戲需要你花心思去構思，其中包含了更多認知上的參與。你的貓會需要學習什麼樣的行動才會獲得獎勵，所以必須要有適當的時間安排。你的貓也必須要反覆練習才能成功進行這些遊戲。

大腦遊戲安全嗎？

因為害怕傷到幼犬仍在發育中的關節，幼犬的飼主往往會避免過於激烈的活動。雖然幼貓也需要飼主的呵護，不過他們天生就比同齡的狗具有更佳的身體機能。幼貓很早就需要開始學習獨自狩獵的本領，完全斷奶之後他們便必須主動尋求自己的食物來源，這也是幼貓為什麼在最初的幾個月會如此活潑好動又精力十足的原因。話雖如此，我們還是不建議讓幼貓從高處躍下或進行較困難的遊戲，讓他們進行合理的遊戲及大腦遊戲的入門款比較安全。你可以在本書中找到安全的遊戲地點，藉此避免危險。即便

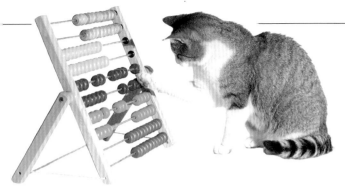

右圖：雖然本書並不建議你教貓算數學，但特定的遊戲確實需要某種程度的腦力互動，而這能幫助貓發展其認知能力。

下圖：稍高的平面能讓你以較舒適的角度與貓互動，但小心遊戲的速度，你不會想看到貓摔下去的。

在稍有高度的平臺上遊戲有不少好處，你還是得提高警覺，以避免幼貓從桌緣墜落。

如果你對你的貓有任何健康上的疑慮，請盡速與獸醫討論。

會讓貓失去興致的原因

恐懼　如果沒有完全的社會化，貓就較難與人進行互動，也會較難以接受人的碰觸。初來乍到的幼貓或成貓都需要你花點時間、溫柔地鼓勵他們，讓他們放鬆、給他們安全感，他們才能投入遊戲當中。

錯誤的遊戲類型　貓也有自己喜歡與不喜歡的類別，用不同的方式給予不同的選項，藉此找出貓的喜好。仔細觀察你的貓，你就會知道什麼東西最能抓住他的注意力。

累了　玩遊戲會需要大量的精力，如果幼貓或較好動的貓沒有得到足夠的營養補給，他們很容易就會在肢體活動後感到疲倦。

社交的壓力　有些貓會被禁止在有其他貓在的時候進行遊戲，其原因可能是基於潛在的社交問題、先前與你互動時的經驗等。這些都是選擇與貓玩耍地點時所需要考慮的要素。

生病了　如果你的貓突然不願意跟你玩，或是你發現他在性情或體能上有所改變的話，千萬不要輕忽這些訊息。貓會對食物提不起興致或無法像往常一樣走動，背後的原因有很多種，一旦發現應該要盡早找出原因。

玩耍只適用於幼貓嗎？

　　相較於年長的貓，幼貓和較年輕的貓當然比較喜歡玩耍，他們的身體對於學習大腦遊戲也有較充分的準備。無論是哪個年齡層的貓都能樂在玩耍之中，但當你試圖為他們打造新的生活習慣時，你仍需考量到每隻貓都有其獨特的性格與生活經驗。年老的貓本來就對玩樂的活動較沒興趣，這是生物學上必然的轉變，我們必須對他體力的衰退有所認知。玩耍的欲望會有所變化，其背後可能有許多種不同的原因，其中就包括了年齡的增長，而這都意味著貓在做起某些動作時可能沒辦法像以往那樣輕鬆寫意了。如果貓的動作變慢了，不再像往常那樣上竄下跳，上下樓梯也有些力有未逮

上圖：幼貓對玩遊戲有高度的興趣，並且會在遊戲當中快速消耗大量的體力，要是他們突然不玩了也別覺得奇怪。

的情況，請立刻與獸醫師進行討論。也許在妥善的治療之下，他能有機會回到當初生龍活虎的樣子。

　　玩耍能讓幼貓以安全的方式學習環境中的種種，跳躍能讓他接觸到新的事物，隨著行動而產生的動靜與聲響都可能是他所沒意料到的。幼貓能從中學習到，現實生活中並非每件事都有跡可循。

個體差異

貓的個性　這會影響到貓喜歡的大腦遊戲種類。特質或説性格會受到許多因素所影響，其中包括：來自父母的遺傳、母貓懷孕時與生產後的健康狀況、幼貓的兒時經歷等。幼貓的健康狀況與後續的學習機會將影響到他成貓時對事情所做出的反應。

遺傳　親代的性格與其他特質對於其子嗣的行為模式無疑有著重大的影響力。若是幼貓的母親健在，且對於人類與各種不同情況抱持著友善且放鬆的態度，這將對幼貓有正面的影響，使其有較高的學習能力。由於公貓經常對其子嗣抱持著不聞不問的態度，因此一般會認為公貓的

上圖：如果母貓對人類較為冷靜與友善，小貓往往也較容易社會化。

性格與幼貓不會有太大的關係。不過研究顯示，如果公貓傾向於對人類友善，或說比較勇於面對人類，其所產下的幼貓通常也會對人類較為友善。

社會化 約莫二到七週大這個歲數的幼貓特別容易學習與人類的社會化互動，所以說飼主在這段期間內要每天溫柔地將幼貓抱起，這一點相當重要。如此一來，幼貓便會將人類納入他的社交對象當中。大多數的飼主都希望自家的貓能夠以放鬆的姿態與自己互動，但要是在這段發展的黃金時期裡面錯失了與人類接觸的機會，貓就很有可能一輩子都做不到這點了。為了要讓你的貓能夠放鬆下來進行一系列的大腦訓練遊戲，也為了讓他能夠有自信地接近你並允許你碰觸他，他會需要合理的社會化技能與面對新事務的能力。

社會化的好處

我們都很喜歡跟貓有肢體接觸，想把他們像其他寵物那樣舉起來、抱在懷裡，而社會化能夠提升貓對此的容忍度。在自然界裡，對脆弱的獵物來說，這樣的舉動會讓貓感受到相當大的壓力。

貓可以學著接受人類的親密接觸——這可不是與生俱來的。

品種的偏好 雖然家貓的品種不像家犬那樣變化萬千,但貓品種之間的差異仍可能會影響到他們所喜好的遊戲類型,不過也別只看貓的品種就驟下結論,畢竟就算是同樣品種的貓仍會有不同的個性與能力差異。只是考量到貓對於特定活動的喜好,某些品種做起來還 是比其他品種要來得順手。

精力旺盛、高度社會化、身體強壯的孟加拉貓就相當適合本書所提到的大部分大腦遊戲。對許多飼主來說,藉由一系列適當的遊戲來消耗孟加拉貓

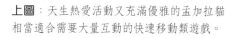

上圖:天生熱愛活動又充滿優雅的孟加拉貓相當適合需要大量互動的快速移動類遊戲。

波斯貓以其穩重的性格聞名。

上圖:波斯貓並不像孟加拉貓那樣衝勁十足,你必須找些比較悠閒的遊戲來取悅他們。

的精力是管理他們的必要策略。慵懶的波斯貓就是另一個極端了。雖然波斯貓並不是完全討厭需要動作的遊戲(畢竟波斯貓也還是貓嘛),但你會發現這個喜歡社交接觸的品種比較願意接受那些較少攀爬動作、較多專注力的遊戲。

像是孟加拉貓和土耳其梵貓等品種的貓都喜歡尋找水為樂,這是他們相當著名的特點。當水龍頭打開的時候,你會看到他們往水槽衝,在水裡玩或是用腳掌去沾水,有時候腳掌還會卡在花瓶裡。重要的是,儘管如此,你還是不應該強迫他們去碰水,讓

他們玩跟水有關的遊戲時也還是要多加小心,這些品種只是相較於其他品種不會那麼抗拒而已。

　　當然,大多數的寵物貓其實都歸類在「家貓」這個無法確切分類為哪個品種的類別裡,因此我們一般來說也沒辦法依照其品種來斷定他到底會喜歡哪一種大腦遊戲,我們必須用心以正確的方式照顧我們的貓(一如所有的飼主都應該做的,不管養的是什麼品種的貓),花時間建立起對彼此的信任,搞清楚他們喜歡什麼、不喜歡什麼,用耐心以不同的方法來找出與他們同樂的方式。

大腦遊戲應該要很有趣

　　整體來説,不管你作為飼主有多麼成功,也不管你的貓有多麼擅長於學習,你都應該把在一起玩時的樂趣視為第一要務。你嘗試著投入並學習關於寵物的一切,都能強化你們人與動物之間的連結。

你們應該在哪裡玩?　　別忘了,只有當貓有自信且快樂的時候,他們才會有最佳的表現。這意味著,你應該要選擇一個家中能讓貓感到放鬆且不受干擾的地點。有時貓在地

板上也會覺得無助,尤其是當你試著教他們一些新東西、或是作出一些你需要向他們俯身動作的時候。因此,我們會建議你將貓放於較高的平台上再來教他新的遊戲。桌子、工作臺、椅子、床、窗臺等都是不錯的地點,也並不一定要拘泥於這些場所,只要你的貓能覺得開心,且有足夠的空間讓他移動與轉身就可以了(第三章會介紹更多你在跟貓玩之前所應該知道的資訊)。

上圖:有些貓對水非常感興趣,當然,水裡面的魚對他們更加有吸引力。但要小心,意外隨時有機會發生,而且可能產生嚴重的後果。

23

該在什麼時候陪貓玩？ 為了要選擇出陪貓玩的最佳時間，你必須注意觀察貓的生活作息。雖然野貓是夜行性動物，但是家貓往往都會為了適應與人的生活而調整他們的生活作息。貓是晝伏夜出的物種，這意味著在傍晚到黎明這段時間他們最為活躍，但飼主又會影響到其活動能力。要讓貓有心情陪你玩，他就必須覺得自在，也別挑他想要跑出門或是想要上廁所的時間。由於貓每天都會睡上超過十五個小時，可以跟飼主玩的時間其實極其有限，而且疲倦的貓往往不太有興致搭理你。

多的耐心。貓本身就沒辦法在訓練上專心太久，你必須先有這層正確的認知。一開始的訓練課程必須要短，訓練課程與訓練課程中間也要留有休息時間，你得等到貓的心情好時才能跟他進行遊戲，正確的時間點與合適的困難度能讓你進行大腦遊戲時事半功倍。一開始就有這個認知能讓你在遲遲得不到進展時不會那麼沮喪，抱持合理的期望很重要。也許你對遊戲有著很大的熱忱，但你的貓卻只需要簡單的活動就能心滿意足。保持平和的心情，在貓每次

玩樂的方式適合嗎？ 社交遊戲比其它遊戲包含了更多的動作與反應。在大腦遊戲的期間，你必須得是個值得信賴又有趣的玩伴，貓才會願意把時間花在你的身上。當然這需要很多的耐心，你也要有足夠的觀察力才能第一時間知道貓累了或是厭倦了，而這都能讓你從貓的身上得到許多的經驗。以貓的能力為基礎來選擇最適合他的遊戲類型，這點極為重要。

你有挫折感嗎？ 教貓新遊戲或是新把戲需要很

下圖：你已經蓄勢待發，但時間點就是不對？強摘的果子不甜；如果貓不想玩，接受這個事實，晚點再試試吧。

遊戲能否順利進行要看你們是否滿意你們在做的事情。當你為貓介紹新遊戲時,不要只注重結果,遊戲的重點是與寵物同樂,而不是讓他贏得一面服從的獎章。

成功的時候都給予獎勵,你才能在貓的能力範圍之內穩穩前進。

身為飼主,這是你必須學習的一項功課。

你和貓都樂在其中嗎?

你和貓都應該要能夠樂在其中,如果有一方並不享受這個過程,那就該停下來休息一下了。也許你需要換另一種挑戰、選另一種玩具或是改變遊戲的方式來讓你們都能從中得到樂趣。要記住:大腦遊戲的基本規則就是要好玩。

確保貓有選擇的餘地 如果你強迫貓陪你玩的話,其下場幾乎可以肯定會是失敗的。貓並非天生就懂得撫慰或是取悅他人,因此,如果貓並不享受遊戲的過程或是已經厭倦了,你應該接受這個事實並允許他停下來,別徒勞無功地拖著他玩。

玩的時間多長? 也許未來的訓練課程可以縮短一些,這樣才能讓你在貓顯露出厭倦的跡象之前先停下來。這能放慢你在為貓提供新挑戰時的步調,貓才能在遊戲裡的每個步驟中變得有自信。相對的,如果貓的能力夠,你也可以用較快的速度提升挑戰的難度。

為什麼貓在遊戲中不開心? 會干擾他的外在因素、他可能需要休息、遊戲的時間點符不符合貓的生活作息、你試著要教他的遊戲類型、貓覺得你給的獎勵不夠等等,這些都是可能的原因。誠實地分析你有沒有扮演好訓練者的角色能讓你在下次遊戲時更加成功。

大腦遊戲需要哪些準備

獎勵的重要性

如同第一章所提到的，貓會藉由「兩種事物配對的經驗（古典制約）」或是「認知到某種行為會引發特定的結果（操作條件）」來學習。訓練貓進行大腦遊戲的目的在於最大化他能夠在正確的時間與正確的地點做出你想要他做出的反應的可能性，而為了能夠做到這一點，你就必須確保他在做出正確的反應或做出合宜的嘗試之後，馬上給予他有吸引力的獎勵。這個行為會強化這個機制，並讓它再現的可能性上升，而這正是我們進行大腦遊戲訓練時所希望看到的。

進行訓練時，食物是最常見的獎勵選項。它能自然而然地進行強化；畢竟包含貓在內，我們都會因為好吃的東西而感到開心。

獎勵的選擇 首先，貓的食物必須要符合他的年齡與身體需求，品質也要夠好，這一點很重要。貓對食物的偏好在他很小的時候就養成了，如果幼貓對於食物的味道與材質沒有什麼選擇，他們長大後就會變得比較挑嘴，也比較不願意嘗試新的事物。在訓練的時候這可能會造成一些困擾，不過大多數的飼主

上圖：小型的零食可以是讓貓心滿意足的獎勵，使你的貓知道他的動作做對了。

下圖：在教導新遊戲的時候，口語上的讚賞也是一種有效的獎勵。這隻貓做出了相當標準的擊掌姿勢，值得嘉許。

還是可以找到貓愛吃的東西來獎勵他們。對貓來說，這樣的誘因應該已經足以讓他們願意在遊戲的時候重覆那些動作了。（雖然當你在嘗試某些需要多次練習才能完成的動作時，這可能會是個問題。）

選項　現在的貓點心種類五花八門，任君挑選。在進行訓練時，你

下圖：實驗看看哪一種獎勵對你的貓最有效。把火腿或雞肉切成貓能夠一口吃掉的大小。

應該挑選那些顆粒比較小或可以掰成小塊的類型。貓的身體結構讓他們可以吞掉較小的獵物，如果點心份量太大，他們要不是會很快吃撐，就是會花很多時間在吃點心上，這都會擠壓到你們能使用在訓練上的時間。

　　口袋裡有多種不同的食物能讓你的貓不會因為獎勵過於單一而太快感到厭倦，但記得不要讓你的貓吃巧克力或是其他人類的點心（甜的或鹹的都不行），這些食物可能會對貓的健康產生不良的影響。

讚賞　讚賞本來就應該是訓練貓時的一部份。改變你的腔調讓貓留下印象，口語上的讚賞也能強化你與貓之間的連結。

右圖：舞動亮色系棒狀玩具是吸引幼貓或成貓注意的好方法，它通常能使他們展開瘋狂的追逐，但這份刺激感有時也消退得很快。如果你希望你的貓平靜而有自制力，這種遊戲就不太理想。

玩具　在經過一次次餵食後，零食對貓可能就沒有那麼大的吸引力了，此時，玩具也可以當作一種獎勵來使用。雖然玩具在某些較活潑的遊戲中很好用，而且還能拿來當作貓表演了較不激烈動作時的獎勵，但把玩具當作獎勵時還是有幾點要注意。

- 當你的貓拿到玩具時，訓練的過程勢必會中斷。由於玩具是一種實質的「獎勵」，貓想怎麼玩你就只能讓他怎麼玩。當你試圖繼續訓練而想拿走玩具時，貓可能會因此不願意搭理你。

- 玩具可能會讓貓過於興奮，當你

想要進行訓練或玩一些比較需要專注力的遊戲時，你會想要把玩具收起來。這可能會影響到貓在訓練過程中的專注力，也可能使貓因為沮喪而產生一些你不樂見的行為。

給予獎勵　考量到對訓練結果可能造成的影響，給予貓獎勵的時間點其實相當重要。獎勵與行動的時間愈接近，貓就愈能夠理解這項機制。如果你讓貓等得太久的話，他可能已經做了好幾項你沒打算鼓勵他做的行為，像是左顧右盼、慢步走開、舔自己的嘴唇等等，而你在此時給他獎勵將會混淆你所想表達的事情。因此你必須作好準備，在貓做對了的時候馬上給他獎勵。在一開始的時候，你可能會需要把點心握在手裡來鼓勵他回應你，同時你還

下圖：這些玩具都能刺激貓的追逐天性，讓他用腳掌與牙齒來困住他的「獵物」。

下圖：當你開始訓練新遊戲的時候，把點心握在手裡，這樣你才能即時給予貓獎勵。

勵，因為對貓來說要把動作一氣呵成地做完實在太困難了。只要有進步就給予獎勵，最終你還是能達成你的目標，而且也不會有那麼大的壓力。

對於錯誤應該有何反應

別懷疑，訓練貓的過程有時候真的會讓你感到很有挫折感。你的貓有時候會心情不好，有時候會專注力不夠，還有的時候他根本就懶得理你，在訓練貓學習新事物的時候，這些情形其實是相當常見的。

別讓挫折感對於你跟貓的互動產生負面的影響，憤怒的語氣可不會讓貓願意陪你玩遊戲。

必須加上口頭獎勵。在你們進步了之後，就算點心放在盒子裡、袋子裡或口袋裡，你還是可以開始嘗試著鼓勵他做你指定的動作。這能讓他學著在沒有食物的誘惑下仍然聽從你的指示，畢竟食物的誘惑可能會在你想教他其他事情的時候讓他分心。在這個階段，當他聽到你說「好棒」當作口頭獎勵的時候，他應該會因此感到開心並已經習以為常了。

一開始的時候，即使只是一點點的進步你也應該不吝於給予獎

上圖：在用玩具逗貓時，偶爾也要讓你的貓贏。你也不想讓他因為老是失敗而感到挫折吧？

右圖：
如果貓的肢體語言告訴你：「我累了。」那就等等再試吧。

遺漏了的肢體語言，甚至是貓的肢體語言。說不定你會注意到到底是什麼原因讓問題產生的。

懲罰 懲罰無助於改善你跟貓之間的關係，也不會讓他想跟你玩。**懲罰是不會有效果的。**你的貓會很快地認定你不是他的玩伴，進而開始躲避你。貓天生就能靠自己活得好好的，他們不會把自己置身於讓自己不開心的境地。

如果你的貓發現他有可能受到懲罰，他會減少玩樂的行為，並試著離開或擺出防禦姿態，這時你就可能會被抓傷或被咬。

再評估 如果發生錯誤或是貓做出了你不想要他做的事情，休息一下，好好思考是哪裡出了問題。你可能會想要錄下你訓練的過程，這也許能讓你了解你在訓練過程中因為太過專心而

=== 小提示 ===

像是照相手機這類現代科技能讓我們輕鬆地記錄訓練過程。我們可以在事後馬上用重播功能仔細觀察並改善我們的訓練技巧。

鼓勵遊戲行為

任何你鼓勵貓去做的事情都應該先三思而後行。你必須確保所有的遊戲和道具都好玩而沒有危險，這點相當重要。不管你跟你的貓有多熟悉，你都必須記住，貓是一種對

上圖：手機的攝影功能在訓練的時候相當有用，你只需要按幾個按鍵就可以輕鬆檢視你的訓練技巧。

如何鼓勵遊戲行為

要做的	要避免的
以鼓勵性的、高調的聲音引誘你的貓靠近你。每隻貓喜歡的聲音不一樣,不過「噗嘶」的聲音很常用來吸引貓的注意。	抓起你的貓,試圖與他互動。雖然有些貓會跳上你的肩膀或徜徉在你的懷抱當中,但請給你的貓有選擇的餘地,並非每隻貓都喜歡被抱。
以忽快忽慢的速度揮動棒狀玩具來刺激你的貓,好讓他投入較為活潑的遊戲當中。	當你的貓想要離開或表現出不感興趣的時候,你還試圖延長遊戲的時間。
在遊戲中只要他做對了便經常給予他們獎勵。	在貓做對了的時候以擁抱或親吻或表現出你的喜悅來當作獎勵,這些不是貓天生會喜歡的事物。
遊戲的時間短。	當你的貓犯錯時,打罵他。

潛在威脅相當敏感的物種。這也許是因為,雖然貓是很棒的狩獵者,但同時他們也會被其他動物所獵殺,像是狗、大型鳥類和其他較大的食肉動物。歷史上,貓也曾經為人類所加害。在某些地區甚至被獵捕到瀕臨滅絕的地步,可能是為了他們的毛皮,也可能是因為民間傳說的迷信導致他們被大量捕殺。基於上述的理由,貓會如此警覺與敏感也是很正常的,而貓跟貓之間的互動也可能會引發他們的肢體衝突。由於這

上圖:大家都知道,貓打起架來是很兇的。由於他們必須面對一個充滿著潛在威脅的世界,如果貓有時候對我們充滿戒心也不必覺得奇怪。

些原因,你應該知道為什麼在與貓互動的時候需要深思熟慮了吧?

31

設備的選擇

　　大腦遊戲包含了一系列在家中隨手可得的物品，為了確保所有遊戲都能安全地進行，在開始遊戲之前，請先檢視這些道具，衡量它們能否勝任在遊戲中的工作。

右圖：挑動用繩子繫著的玩具能讓貓站直身子試圖搆到它。

下圖：比起待在地板上，許多貓都比較喜歡待在稍高的平台上學習新遊戲。

　　這些平台當然不能過於光滑，此外高度也要適合貓的年齡與身體機能。確認這些平台夠穩固，為了要讓你的貓感到舒適與安心，你也可以在平台上鋪止滑墊。

稍高的平台　如同我們在第二章所提到的，在稍高的平台上，貓能夠表現得更為自信，尤其是你站在他旁邊對他進行訓練的時候。因此，也許你該為訓練的課程準備桌子、櫃檯、床或是貓的遊戲臺之類的平台。不管你的選擇是什麼，貓都應該在上面能有安全感。如果你平常都叫你的貓不要跳上你的桌子或工作台，那這些地點可能就不太理想。你的貓可能會不知道到底自己能不能待在這些地方，並對於你前後不一的指令感到焦慮。

在地面上玩　有些較有自信的貓會願意與飼主在地板上玩，但當你坐在地上跟貓玩的時候，應該要避免俯身向貓的動作。沒有其他貓、小孩或狗（即便是友善的狗也一樣）來干擾訓練過程的話會更好。

玩具　貓玩具的外型與風格各異其趣，可以滿足貓所有千奇百怪的嗜好。在遊戲之前你應該要先確認玩具的損傷狀況，去除掉任何可能會讓貓不小心吞下肚的部分，當然，損壞或尖銳的部分也必須一併去除。貓可能會因為意外而吃掉小型玩具或是橡皮筋、束帶等物品，吃下毛線也可能會造成嚴重的問題。

　　如果你的貓看起來在提防新玩意兒，在試圖用這些玩具進行訓練

如何鼓勵遊戲行為

用來給貓追、叫貓去撿回來還是藏在盒子或紙板隧道裡的小型玩具。	小型的絨毛玩具、乒乓球、帶羽毛的玩具、能發出沙沙聲響的球、裡面藏有鈴鐺的球、貓草球。
用來鼓勵貓攀爬、抓撓、伸展與跳躍的玩具。	貓樹、大型貓抓板、原木、圓箍。
用來鼓勵活動的互動式玩具。	棒狀玩具、指揮棒、繫在繩上的玩具、大型柔軟的玩具。
用來滿足貓科動物安全感的道具。	瓦楞紙箱、紙袋、圓頂小屋、稍高的平台。

之前你應該要好好地向貓介紹一下這些東西。

響片訓練

　　雖然這不是在大腦遊戲中不可或缺的部分，但你將可以藉由這個技巧「標記」出貓做對了的時刻，來讓他知道他做的正是你所想的。

　　響片是一種簡單的小道具，通常是用塑膠做的，裡頭有一片金屬舌板，按壓後會發出「喀」的聲音。起初對你的貓來說這個聲音什麼意義也沒有，但在反覆地發出聲響後給予零食，貓會把這個聲音跟食物聯想在一起。如此一來，這個聲音就成了「食物快要出現了」的信號。你必須讓你的貓清楚地知道這一點，如果他對此有所懷疑或是沒拿到獎勵，他便

下圖：響片訓練的訣竅在於將聲音與食物獎勵做連結，當貓的大腦裡建立起了這種連結，他就會知道，這個聲音意味著他喜歡的東西要出現了。

會很快地失去興致。運用響片的好處在於，即使你不在貓的身旁，貓還是能清楚地知道他做對了。有時候貓會需要做出一些遠離你的動作（像是一些指向性的遊戲），或有些貓不喜歡你離他太近，這時候響片就很有用了。另一個好處是，為了準備按下響片，你可以專注在貓做對了的時候，而不會只顧著看貓做錯了什麼。

在一開始，你應該在每個步驟成功時頻繁地「喀」並給予獎勵。但當貓進步了之後，你就可以期待他能在獲得獎勵之前做得更多。雖然到後來你的貓應該能在你拿出獎勵之前就做完整套的動作或遊戲，但別太急著把獎勵拿掉，畢竟貓需要很大的動力才能在遊戲中投注心力。除非你家的貓非常順從又精力旺盛，不然你還是乖乖為貓的積極投入「付出代價」吧。

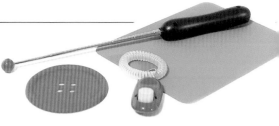

上圖：目標有許多種形式，像是餐墊、塑膠盤或是前端有球的指揮棒。響片可以用來「標記」目標被碰觸到了的瞬間。

目標訓練

這種訓練泛指教導你的貓（或任何動物）在特定地點做特定動作。比方說，貓可能會學會用他的腳掌或鼻子去碰觸某樣物體（這個就是目標）來獲得獎勵。在訓練的過程當中，做為訓練者的你時間必須抓得非常精準，一旦你精於此道，這個技巧將會為你帶來無窮的樂趣，只有你想不到的，沒有他做不到的。

能把什麼東西當成目標？ 基本上任何東西都能做為訓練的目標。你可以用的東西包括：方形的紙、便利貼、杯墊、指揮棒（末端有顆球或有個區域能讓你指出你的貓該碰觸哪裡的棒子）、木柱、地墊，甚至是蒼蠅拍都行。經過訓練後，貓甚至可以「指著」或碰觸著一小枚硬幣並移動一大段距離。當然，要做到這點，你的貓必須經過相當充份的練習才行。

根據你希望你的貓能學會做什麼，你用來當作目標的東西也不一樣。比方說，如果你希望你的貓用他的腳掌去碰觸杯墊，那你就不該在另一個遊戲中要求他去坐在這個杯墊上。當你改變了貓的任務，你的目標也應該要跟著改變，這樣你的貓才不會錯亂。

下圖：在上一頁大略介紹了如何用響片訓練來進行目標訓練。腳掌碰到目標就有點心吃。

上圖：如果貓在一開始的時候對目標物不那麼感興趣，你可以在目標物上面抹上他喜歡的食物的味道。

開始吧 你的貓可能會自然對你所選定的目標感到好奇並前來一探究竟，但如果他不感興趣，你可能就需要把食物的味道抹在上面吸引他過來，或是移動它來讓貓注意到它，此時你就可以運用響片來形塑你希望貓做的行為。

移動目標 你的貓能夠有自信地以你喜歡的方式觸碰目標後，你就可以開始增加難度了，像是把它拉遠或是換個小一點的目標。有些飼主會希望能訓練貓做出特定的動作，他們就會選擇把目標完全拿掉。如果你的貓能夠對你的指示做出回應並前往或碰觸目標的話，說不定你也可以試著把目標完全拿掉，但在這個階段，如果你的貓還沒辦法有

━━━ **小提示** ━━━

你希望貓除了碰觸目標之外，還能做得更多嗎？如果你想要貓去抓或扒目標，你可以把目標物放在透明塑膠墊下面，準備好在貓開始抓塑膠墊的時候按下響片並給予獎勵，在移除獎勵之前都要不斷訓練，直到貓能確實地執行這個動作為止。

自信地做出這些動作，這麼做可能就不太明智。

另一個做法是把目標移到較指定地點稍遠的位置，當你的貓前往目標的途中，他就會經過你希望他移動的地點。這個時候手腳要快！你必須作好準備，在你的貓離開指定地點**之前**發出信號並給予獎勵。在這個階段給予他獎勵，如此一來，對貓而言，前往指定地點就會成為能獲得獎勵的行動了。多練習幾次，貓就會知道只要抵達指定地點就能獲得獎勵，而不需要觸碰那個目標物了。

就算已經拿掉了目標物，還是要記得在貓做對了的時候用響片訓練或給予讚美喔。

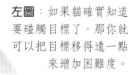

左圖：如果貓確實知道要碰觸目標了，那你就可以把目標移得遠一點來增加困難度。

大腦遊戲時可能會碰到的問題

貓的費洛蒙療法

對於那些初來乍到或是還在適應新環境的貓，貓的費洛蒙能讓他們安全地產生正面情緒反應。可以用噴霧器將合成的貓費洛蒙噴灑在空氣之中，你也可以把它直接塗抹在物體上面。

恐懼 某些比較焦躁的貓可能會對你拿回家的新東西產生恐懼感，這種情況的話，通常你只要把東西放在比較不醒目的地方個幾天，讓貓自己去摸索它就沒事了。假以時日，大多數的貓都會對新東西習以為常，然後你就能把它移動到新的地方，再來你就能用它來進行遊戲了。如果你的貓對於聲音比較敏感，那你可能得挑一些比較安靜的遊戲，避免嘈雜的聲音，耐心地給予讚賞，並選擇沒那麼大聲的響片（市面上應該可以找到一些較小型的響片，它們比較不會嚇到那些敏感的貓）。

在道具上撒尿 撒尿是一種貓科動物的自然而重要的行為，用以向其他貓宣示自己的領域範圍。一般而言，這只會發生在非家中的環境，貓會為了安全感而在領地中心撒尿。如果貓在家裡亂尿尿，那代表著貓現在狀況很不好，家裡有某些東西讓他感到倍受威脅。如果貓在你帶回家的新玩具上尿尿，那可能是這個新玩意兒讓他不得安寧。這時你可以在上面抹上一些他所熟悉的味道，像是他的第一條小被被之類的，這也許有助於掩蓋道具的「新味道」。要是亂撒尿的情況經常發生，或是他會在家裡亂撒尿，那你就得聯絡獸醫師尋求專業的協助了。

左圖：如果不能到戶外去上廁所，貓通常會用貓砂盆來解決排泄問題。在家裡到處尿尿是另一回事，這可能意味著貓正被什麼東西困擾著。

上圖：有些高強度的遊戲會讓貓相當興奮，要是你靠得太近，你的手就可能成為被咬的目標。

咬 有些飼主說他們的貓會在玩耍的時候無預警地咬他們，通常這是因為貓在玩耍的過程中太過興奮，把他們應該對玩具所發洩的精力轉移到靠近他們的手上的關係。如果是這種情況，只要在玩一些比較活潑的遊戲時小心一點，用棒狀玩具或拿捏好距離就可以避免這個問題了。還有些貓會因為挫折感而咬人，像是感到困惑或是等不到獎勵等等原因都有可能。為了避免這個狀況，請在遊戲的各個階段慢慢來，確定你的貓可以成功地完成這個階段再往下個階段

推進。除非你的貓已經習慣學習新事物，而且你確定你的貓對於正在發生的事情感到放鬆，不然不要逼著他進步，也不要隨意更換目標。

抓 在玩遊戲的時候，有些貓一興奮爪子就伸出來了。在玩狩獵遊戲、貓的狩獵本能被喚醒的時候更會如此，但有些貓就只是「不小心」而已。留意貓的行為舉止，在貓太興奮的時候記得手腳跟他保持距離，在你遭殃之前緩和遊戲的步調。要是貓的爪子已經在你的身體還是衣服上時，就別再讓遊戲繼續進行下去了。

左圖：幼貓在玩遊戲玩到興奮時經常會亮出他們銳利的爪子。

他會學習到,這麼做不僅會讓他的樂趣消失,你還會馬上離開他的身邊,他應該會在未來盡量避免讓這種情形再次出現。

如果你的貓很害怕並用他的爪子來進行防禦(要你停止或是離開),那麼你就應該立即停止並在繼續遊戲之前審視你的遊戲方法。你必須找出讓貓感到恐懼的原因並馬上處理它。大腦遊戲應該要是能為貓帶來快樂的,如果你的貓因此不開心,那可不是大腦遊戲的初衷。

—— **注意** ——

如果你的貓會對你造成困擾、傷害到你或是看起來過於恐懼,那你就可能得請獸醫師為你介紹適當的貓科動物行為專家了。

貓優雅與熱愛活動的天性在他們玩耍的時候表露無遺。

下圖:在野外,貓的爪子有三個主要功能。爪子讓貓能夠抓住物體並攀爬其上,也能在狩獵時用以攫住獵物,當貓需要對抗掠食者時,爪子也能做為有效的防禦武器。當貓沒有要使用爪子的時候,他會把爪子收進腳趾裡。

貓與飼主都能在玩大腦遊戲中獲益匪淺。

大腦遊戲指南

你應該會注意到,在每個大腦遊戲裡面都有個上了色的區塊,裡頭是一些額外的建議,讓你可以在開始遊戲之前做好更充足的準備。把一切安排妥當並在合適的地點開始遊戲相當重要,這能確保你們得以快樂地玩耍並不被中斷。

圖例 代表著:

=貓跟飼主一起玩的遊戲

=貓獨自進行的遊戲

地點 我們建議進行遊戲的最佳地點。

困難度 這個分數是遊戲的難易度,一顆星代表適用於初學者,三顆星表示進階。

互動度 這個視覺輔助工具可以讓你迅速地判定哪些遊戲能讓你的貓自得其樂。無論是你忙著工作或陪伴家人而需要找個遊戲讓貓消磨時間,還是想要找個遊戲來讓貓挑戰並強化你們之間的關係,這都很好用。

道具 這是在進行特定遊戲時所會運用到的道具清單。有些遊戲你只需要準備零食就好,但有些遊戲你就得準備一些其他的道具才能讓遊戲順利進行。

互動型遊戲
貓與飼主

地點 貓不需要大幅度的跑動與跳躍,所以在大部份的房間裡面都可以,但還是要避免會打滑的地面

困難度 ☆ ☆ ☆ **高級大腦運動**

道具 許多種可以加進這種障礙賽類型遊戲的道具

不過,這只是指南,一切還是取決於貓的性格、體能與當下心情而定,把它當參考就好,但若你才剛起步,還是先從一顆星的遊戲開始吧。

開始

第 2 部份

玩大腦
遊戲吧

對於比較不活躍的貓

坐下

雖然這是大多數寵物犬隻都會學的指令，而貓的飼主通常不會跟貓有這樣子的互動，

但你可能會驚奇地發現，在某種程度上來說，這個指令對貓而言還挺容易學會的。「坐下」對貓而言相當自然，你有很多機會能夠鼓勵他去執行這個動作並將其與其他指令做連結。

	互動型遊戲 貓與飼主
地點	只要你的貓覺得自在就行了
困難度	☆ 簡易大腦運動
道具	一些能吸引他的零食

你可以從貓的肢體語言中得知他當下的感受。如果貓邊坐著邊打量著周圍，通常這種情況下他是冷靜而放鬆的，但他還是在留意接下來會發生什麼。

1. 當貓對你表現出互動的意願時就可以開始囉。他可能是想引起你的注意或只是想要你手上的食物，但無論是哪一種都讓他更有機會回應你的指令。

如果你的貓在地上休息，那請你坐下或是蹲下來，讓你能在讓自己舒服的同時也避免俯身向貓使其產生壓力。

有些貓在稍高的平台上學習會比較開心，這樣的話在桌上或窗檯上進行可能比較合適。握住零食並將其靠近貓的鼻子，讓他聞零食的味道。

4. 當貓輕易地靠過來並坐下後，你就可以開始在每次他臀部碰到地板時加入口語指令，「坐下」。抓準時機能幫助貓把口語指令與動作連結在一起。

小提示

讓貓保持自然放鬆的姿態，不要用手把貓的臀部壓向地板。這只會讓貓討厭跟你互動並降低你成功的機率。

2. 以緩慢而穩定的步調抬高、放下你的手，讓貓的鼻子跟著你的手移動。貓的身體很柔軟，但一般來說，當他抬起頭來的時候，他的臀部也會自然往下。為了讓貓擺出正確的姿勢，你可能需要練習幾次才能抓到完美的角度。

3. 當貓的臀部碰觸到地板時便放開零食並給予讚賞，將獎勵與你想要他擺出的姿勢做連結能讓他下次可以更快地選擇這個姿勢。當貓被食物所吸引或想要引起你的注意時，你可以藉機訓練幾次，你會發現讓他進入「坐下」的姿勢變得更加輕鬆也更加迅速了。

5. 在貓維持坐姿的時候，你可以藉由給予其他獎勵來延長這個姿勢。當然，貓可能維持坐姿好一段時間只是因為他覺得舒服、他喜歡現在這個角度的視野，但能藉由指令來讓貓有所反應還是很有趣。

在家裡不同的地方、在不同的人在場時進行訓練，這樣一來，即使被干擾，貓還是能做出正確的回應。只要有耐心，幼貓也能學會這個遊戲。

6. 小片的食物在訓練時很有用，貓也很樂意為了美食而回應特定的指令。隨著時間你可以慢慢拿掉食物，單純依靠口語指令或手勢。

趴下

我們對貓躺在地板上享受日光浴或是躺在床上的景像相當習以為常，但由於大多數的貓都沒有被教過「趴下」這個指令，會這麼做的貓就挺令人印象深刻了。這個課程不僅能讓你跟貓都能享受其中，如果你可以讓貓輕鬆進入「趴下」姿態的話，你要為他梳毛還是做檢查都會比較容易。

1. 挑一個貓放鬆且願意跟你互動的時間。他應該要位於他能輕鬆躺下的地方，可能是地板上也可能是稍高的平台上。

	互動型遊戲
	貓與飼主
地點	能讓貓覺得安全的地方都可以
困難度	☆ 簡易大腦運動
	建議先教會「坐下」
道具	你的貓可能有自己的偏好。一條柔軟的毯子通常可以增加成功的機會，但他也可能比較喜歡在稍高的平台上這麼做。

4. 當你的貓趴下的瞬間，你應該要讚賞他並放開零食。經過幾次重覆訓練之後，只要你將手向下移動，你的貓應該就能夠很快地進入「趴下」的姿態。

5. 在他進入「趴下」姿態的時候，加入「趴下」之類的口語指令。經過訓練後，即使你的手裡沒有拿著零食，你的貓應該還是能夠對你的手勢（向下移動或是指著地板）做出回應。

=== 小提示 ===

要記住，如果貓的安全感不夠，他很可能會不願意與你互動，請謹慎選擇訓練的地點與時間。

2. 蹲下或是坐到貓的身邊。用手指捏一小撮零食靠近他的鼻子，讓他聞零食的氣味並引起他的興趣。慢慢將零食放低到接近地面，引誘他跟著零食走。

3. 將握著零食的手放到地面上，耐心地等候。貓通常會試著要拿到食物而聞、舔或用腳掌去拍你的手，但最終他應該會趴下來好讓自己舒服一點。

6. 循序漸進，慢慢減少手勢的幅度，直到你不用真的用手碰到地板，貓也能對此做出回應為止。

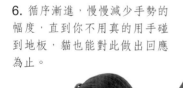

7. 只要貓對你的指示做出回應，你就應該要讚賞他並給予獎勵。讓他持續參與其中很重要。練習到他即使在不同的地點、即使旁邊有干擾都能回應你的指示為止。

這個「趴下」姿勢超標準——記得在貓做對了的時候讚美他。

手勢就足以讓貓進入「趴下」姿態了。

起來

雖然這個「遊戲」本身並不是最刺激的，但要讓你的貓換位置的時候這個課程還是很

好用的，不管你是要幫他梳毛還是要幫他做檢查都很方便。學會這個指令也能讓貓在要被帶去看獸醫的時候少一點壓力，因為這個姿勢已經跟獎勵與愛的關注連結在一起了。

互動型遊戲 貓與飼主	
地點	任何地點
困難度	☆ 簡易大腦運動
道具	好吃的零食或玩具

1. 開始前，你的貓必須處於坐姿或是躺下的狀態。

過來

雖然貓是我行我素出了名的，但有這麼個指令能讓他過來你身邊還是很有用的。像是你需要知道你的貓在哪裡、或是緊急狀況下你必須讓你的貓快點離開房子、或是你的貓在外面而你要他回家，這些狀況下這個指令都很好用。想要成功完成這個訓練，重點在於要讓貓確保事後的獎勵夠豐厚，他才會認為回應你的召喚是值得的。

理想狀況下，在進行這項訓練時，你必須跟貓在同一個高度。如果你做不到這一點，在桌上或是稍高的平台上也是可以的，只要能讓

貓安全地在上面走都行。

要重覆進行這項訓練，你可以等貓走離你身邊一段距離或是丟出玩具讓他去追，然後在幾分鐘之後再重新開始這項訓練，如果貓對你有正面的反應，記得鼓勵、獎勵他。

互動型遊戲 貓與飼主	
地點	你家裡安靜的地方
困難度	☆☆ 中等大腦運動
道具	零食

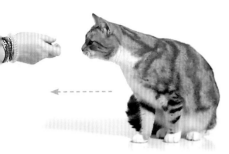 

2. 靠近你的貓,讓他看你手中的零食或玩具。維持在一個他搆不到、必須要拉長身子的距離,這樣一來他就會抬起身子,當他站起來的時候,讚賞他並給他獎勵。

3. 當你可以輕易地引誘你的貓站起來,你就應該加入口語指令「起來」。在你的貓每次站起來的時候都發出這個指令,貓就會把這個行動與指令連結在一起。在你給他獎勵之前,記得溫柔地撫摸他,他就會知道站起來就會有好吃的可以吃。

1. 在你的貓安靜地坐著時,拿出他最喜歡的零食。

2. 拿一小塊在手裡,放在他視線的高度,讓他可以看到。

3. 用輕快的聲音喊貓的名字,要他「過來」。在他朝你移動的時候要持續這麼做。

小提示

當你搖動餅乾盒的時候,貓就會神不知鬼不覺地出現,相信許多飼主都對這種經驗並不陌生。這是因為貓已經把這個聲音跟好吃的東西連結在一起了。如果你在剛開始的時候需要一點額外的動力讓貓快點過來你身邊,你可以把這個聲音跟「過來」連結在一起,但別太過依賴這個聲音,畢竟緊急時刻你手上可不會有餅乾盒可以搖。

4. 當他碰觸到你的手時,讚美他並讓他吃掉零食。

握手

　　雖然貓看起來都一副冷冰冰的樣子，但是教他握手還是很好玩，除了鼓勵他跟你互動之外，還能將這個動作衍伸到其他遊戲當中。貓天生就是用他們的腳掌來探索與進行遊戲，儘管每隻貓允許被人碰觸的程度不太一樣，但教會他們這個遊戲通常也不會花費你太多時間。

訓練計畫 1

1. 選個你的貓心情好而且對零食感興趣的時間靠近他。

2. 拿著零食，在你的手握起來之前先讓他看到零食並去聞它。在貓頭部的高度將手握起來，試著不要移動你的手。讓他去聞、去想自己有沒有辦法從你手中拿到零食。通常貓會把腳放到你的手上，看這樣能不能幫他拿到食物。當他的腳掌碰觸到你的手的時候，打開手掌，讓他拿到食物。

	互動型遊戲 **貓與飼主**
地點	安靜的地方，為了安全起見，稍高的平台會更好
困難度	☆ 簡易大腦運動
道具	美味的零食

訓練計畫 2

1. 在你的貓對於進行訓練感到有興趣的時候站到他旁邊。如果你可以蹲下的話，在地板上進行訓練也沒關係，不過一般來說讓你的貓待在稍高的平台上你會比較舒服。

選項　要進行這個遊戲，你有兩種不同的方式可以選擇，但不要在這兩個選項之間換來換去，請先衡量你的貓能做到什麼地步。如果他樂於接受新的挑戰也願意使用他的腳，那你可以選擇計畫 1。如果你是初學者，貓也不太願意用他的腳的話，先試著用計畫 2 吧。

貓通常不會去碰觸另一隻貓的腳，所以當你碰他的腳還握他的腳掌時，他會覺得有點怪怪的。在謹慎而循序漸進的訓練下，他會慢慢接受這個行為，但還是要記住，這不是貓天生就有的互動方式。教導你的貓，讓他願意讓你握住並檢查他的腳和爪子，你在未來有不時之需的時候這個訓練就會派上用場了。

3. 反覆練習，直到每次你握著的手靠近，他都會用腳掌碰觸你的手為止。

4. 開始在他的腳掌碰到你的手時加入口語指令「握手」。

5. 當你的貓能夠每次都乖乖「握手」時，你就可以試著不拿零食了。取而代之的是，你要在他做對了的時候用另一隻手給他獎勵。

然後，換手

　　當貓可以熟練地用一隻腳掌進行「握手」之後，你可以試著鼓勵他用另一隻腳掌「握手」。要是貓堅持用那隻腳掌，那你可以用訓練計畫2來鼓勵他抬起另一隻沒有用到的腳掌。

2. 一手拿著零食靠近他，另一手則輕觸那隻你希望他抬起來或用來「握手」的腳掌，一般而言，貓會移動那隻被你碰到的腳，而你要在這時候給他零食並讚美他。

3. 重覆碰觸與給予獎勵的循環，直到他會主動抬起他的腳掌為止。

4. 試著在你給予獎勵的時候延長你碰觸他腳掌的時間，最後他應該會願意在你給他食物的時候讓你握住他的手。

5. 當他能夠有自信地抬起腳掌放到你的手裡，你就可以開始加入「握手」的指示了。

揮手

　　貓是一種生性淡漠的動物，他對於我們來來去去視而不見似乎一點也不足為奇，所以要是你的家人或朋友看到你的貓會揮手肯定能讓他們大吃一驚。當然，你不應該逼迫會怕人的貓進行這種遊戲。不過，對於那些能在遊戲中找到自信的貓來說，這類的遊戲倒是能讓他們對自己更有信心，還能藉此改善他們的行為。

互動型遊戲 貓與飼主	
地點	任何地點都可以。教會你的貓揮手，讓客人感到驚奇吧！
困難度	☆☆ 中等大腦運動 要先教會「坐下」和「握手」
道具	零食

1. 先教會你的貓握手，方式如前所述。像是要重覆握手遊戲那樣伸出你的手，但這次手的距離要稍微遠一點，這會讓貓試著伸手來碰到你。為了他所付出的努力獎勵並讚賞他。

起立

　　對大多數的貓來說，坐在屁股上都是件很簡單的事情，所以對他們而言，這個遊戲應該也可以輕鬆學會。不過，如果貓的年紀大了或是活動起來有點僵硬，那就要花上一番工夫了。

互動型遊戲 貓與飼主	
地點	安靜的地方，為了安全起見，稍高的平台會更好
困難度	☆ 簡易大腦運動
道具	美味的零食

在貓維持警醒與自信狀態時練習這個遊戲。

1. 先讓貓維持站姿或坐姿，用手指夾著零食，讓他看、聞。

2. 慢慢地拉高零食的高度，讓貓要坐直才能搆到食物，這會使貓的臀部漸漸離開地面，當他做到這點後，讚美並讓他吃零食。

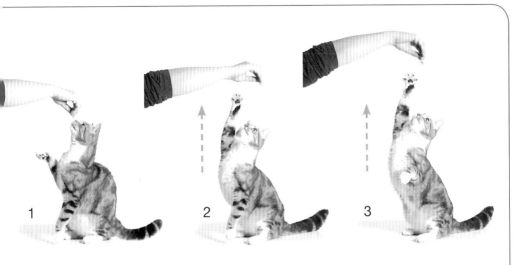

1　2　3

2. 練習把你的手抬得更高一些，讓貓「伸手」的動作更臻完美。讚賞並獎勵他。

3. 當貓搆到你的手時，加入口語指令「揮手」。用另一隻手給予他獎勵，讓他覺得繼續這個動作是值得的。

試著在家裡的其他地方繼續練習，然後試著在你站著的時候練習，這樣能讓他在更自然的情況下對你做出反應。最後，當家裡有客人的時候，你就能讓你的貓對客人打招呼囉！

用手的移動來引誘貓抬起頭來。

他會以後腳站立起來。

3. 透過練習，你可以把零食拿得更高一點，這樣貓就必須要拉長身子才能碰到你的手。

在重覆這個遊戲的時候，你應該要慢慢延長「貓維持姿勢」與「給他零食」之間的間隔。

4. 加入口語指令「起立」。在你對貓伸出手的時候加入這個指令，若他已經將兩者連結在一起，他就會做出相對應的反應。最後，你可以試著空手進行練習，但你還是要確保他在陪你玩這個遊戲之後獲得你的讚賞。

翻滾

由於你的貓必須在「躺下」姿態才能開始這個遊戲，所以你必須等到他自己躺下或是先教他「躺下」這個指令，並用它來鼓勵你的貓進入正確的起始姿勢。

有些貓會自然地將身體重量偏於一邊躺在地上休息，這樣很好，你可以以這個姿勢來決定教導貓翻滾的方式。不過，要是你的貓都是以雙腳藏在身子底下的方式趴在地上，那你就要鼓勵他稍微改變姿勢，這樣遊戲才能進行得順利一點。

互動型遊戲
貓與飼主

地點　地點要以貓的安全為優先考量，最好是在平坦而穩固的平台上。

困難度　☆☆ 中等大腦運動

道具　美味的零食或玩具，還要準備一張地毯或墊子讓貓在上面翻滾。

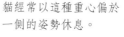
貓經常以這種重心偏於一側的姿勢休息。

===== **小提示** =====

別急著讓你的貓以肚子朝上的姿勢躺著。除非貓很習慣並享受這類的撫摸，否則突然觸摸他柔軟的腹部可能會讓他感到壓力。有些貓喜歡被人撫摸，但有些貓很討厭被人撫摸；無論是哪一種，你都必須尊重你家貓的空間並享受這個遊戲。

拿一些好吃的零食靠近貓的鼻子，讓他嗅聞，他可能會試著舔它或是想把它從你手中拿走。

以緩慢、小心的動作將零食從貓的鼻子繞過他的肩膀，

在你移動零食的時候，他應該會轉動頭部跟著零食走。當他跟著零食轉頭，他會改變身體的重心用臀部來轉身。如果他這麼做的話，獎勵並讚美他。

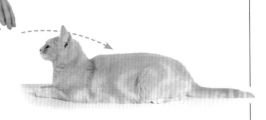

拿另一塊零食
並再度靠近
貓的鼻子。

1. 像以前一樣引誘他,不過這次是要在他趴在地上的時候,移動零食,讓他看向自己的肩膀和身體,放下零食讓他吃掉。

貓擺出這個姿勢之後,你就可以進入下一個階段了。

2. 在這個階段多練習幾次,讓貓能覺得安心。

下一個階段要將零食繞過貓的身體,讓他在試圖跟上零食時進行翻滾,要是他成功做到這點,馬上給他獎勵。

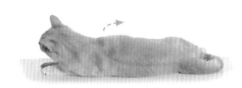

3. 反覆練習,直到貓能夠在你引誘他時迅速、確實翻身為止。

4. 在他翻身時加入口語指令「翻滾」,經過幾次練習之後,你的貓應該就對這個遊戲很熟了。

5. 接下來就在手上沒有拿零食時進行練習,不過還是要準備好在他完成整個動作之後以另一隻手給他獎勵。
最後你可以逐漸減少手勢的幅度,這樣一來,只要一點點的暗示你就能看到他完美的演出了。

針對比較好動的貓

1. 在開始前，握住一把零食，讓貓專注在零食上。

2. 將零食擺在貓頭部的高度，劃一個圈，讓貓必須轉身來跟上它。當他轉了三百六十度之後，你應該馬上放掉零食讓他享用並讚美他。

轉圈

　　貓是一種靈敏的動物，他們通常會很樂於參與這種包含了動作的遊戲。在這個遊戲中，貓會學到如何依照指示轉圈。無論你的貓轉圈速度是快是慢，這個遊戲應該都能為你們帶來很大的樂趣。

	互動型遊戲 貓與飼主
地點	選擇貓有足夠空間轉身的穩固平台或安全的地點
困難度	☆ 簡易大腦運動
道具	美味的零食

6. 隨著時間你可以減低手勢的幅度，讓劃圈的動作變小、變得沒那麼明顯。

　　你的貓在學會這個遊戲以後，也許你會想要加入一些像是圓錐體之類的額外道具，並教導他繞著道具轉圈。

3. 練習幾個循環，讓貓對於轉圈來跟上食物的引誘相當熟練為止。

4. 開始在貓轉身的時候加入口語指令「轉圈」，別忘了每次都要讚美他並給他獎勵。

5. 現在，你可以在手裡沒有拿零食的情況下比出同樣的手勢，你在事後當然還是要給貓獎勵，但他應該可以不那麼依靠你手裡的食物，只需要你的手勢就能做出完整的動作。

小提示

如果你的貓不願意跟著食物走，那你可以試著用其他他可能感興趣的羽毛玩具來當作誘餌。在他能完成整個動作前，你也可以把動作拆解成幾個部分，並慢慢增加獎勵。

混合起來 如果你想要教你的貓從另一個方向轉圈的話，你應該用另一個不同的指令。也不要在同一時間教兩個方向的轉圈，不然你們可能會搞混並覺得無所適從。

1. 以刺激的語調引誘貓靠近你。從手中把零食或玩具丟到椅子上誘使貓跳上去。準備好在他跳上椅子之後讚美他並給他獎勵。

2. 在貓跳上椅子的時候加入「上去」或其他類似的指令。這會變成你的指令用語，在很多場景都用得到。

跳上去

我知道，要讓貓跳上家具根本不需要什麼高度的訓練，事實上，許多飼主倒是會花許多時間阻止貓跳到這類東西上，還會喝斥貓、要他們從床上或椅子上離開。不過，教會貓跳上你所指定的平面還是很有用的，像是你要幫他梳毛、帶他去給獸醫看，或是作為你要教他其他遊戲時的起始動作都很棒。

健康的警訊

對貓而言，這應該不是什麼困難的挑戰，如果連較低的家具你的貓都不願意跳上去，那你就應該要求獸醫為其進行檢查了。許多老貓會因為關節疼痛而有移動上的障礙，貓往往會將這類病痛掩飾得很好，除了不願意跳上或跳下平台之外，大概你也很難察覺到這一點。

	互動型遊戲 貓與飼主	
地點	任何貓覺得舒適的房間都可以	
困難度	☆ 簡易大腦運動	
道具	一張能讓貓跳上跳下的穩固椅子	

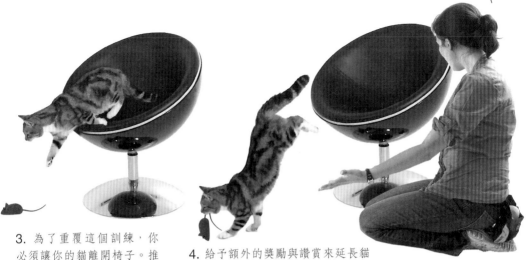

3. 為了重覆這個訓練，你必須讓你的貓離開椅子。推他或是把他抱離椅子都會延遲遊戲的進行，相對的，你應該對他說「下來」，然後把玩具丟下來讓他去追。

4. 給予額外的獎勵與讚賞來延長貓待在椅子上的時間，逐漸拉長時間，並在他做完動作的時候加入「下來」的指令。雖然大多數的貓都會在他們自己覺得可以了的時候停止遊戲，但這能在訓練的過程中加入明確的指示，告訴貓結束了。

較小的規模

鼓勵幼貓跳上較高的椅子絕對是不智之舉，要是他失敗了，他很可能會因此受傷。不過你可以改用像是瓦楞紙箱之類的道具，你們一樣可以享受這個遊戲。

這隻幼貓看起來已經準備好做「起立」的動作了。

1. 用零食引誘貓站上紙箱的蓋子，但這次你要拿著零食，這樣你才能對貓的移動有較精準的掌控。

2. 當他就定位之後，用「坐下」的指令讓他坐好，然後讓他享用零食作為獎勵。

跳

只要有機會，大多數的貓都很樂於跳躍。年輕的貓能夠自在地跳上跳下，然而年紀較大的貓就可能需要用哄的了。無論如何，多數健康的貓都能輕而易舉地學會「跳」這個指令。

訓練計畫一、使用道具

1. 選擇你的道具。如果要用竿子，你可以把它放在地板或是你喜歡的平台上。讓貓咪自己去摸索、習慣這支竿子。引誘貓越過竿子，貓跨過竿子之後要馬上讚美、獎勵他。

2. 當貓已經習慣走過地上的竿子，你可以將竿子稍稍用手抬高，然後鼓勵貓來回跨過它。

啦啦隊的指揮棒是個相當美觀的欄架。

互動型遊戲
貓與飼主

地點	空間不必太大，只要安全就好——桌面也可以。
困難度	☆ 簡易大腦運動
道具	點心和用來讓貓躍過的物體，掃帚的柄或是花園的欄杆都行。如果沒有這些東西，用手腳也是可以的。

訓練計畫二、運用你的手腳

1. 坐在地上，雙腳打直。

用點心引誘貓靠近並跨過你的腳，然後馬上讚美他並讓他吃掉點心。

重覆幾次後，如果貓想要更進一步，你可以試著稍微抬高你的腳，你也可以把腳放在坐墊上或是用腳抵著牆。

在每次貓進行跳躍時加入「跳」的指令，記得要讚美並用點心獎勵他。

貓的身體極為靈巧、動作也極為精準。他們可以輕易協調四肢來做出跳躍的動作。

3. 用書或其他穩固的物品將竿子抬高個幾英吋，像這些廚房用的容器就個不錯的選擇。

在每次貓進行跳躍時加入「跳」的口語指令，藉此讓他將這個詞彙與動作連結起來。

4. 不停練習，直到貓能有自信地躍過較低高度的竿子為止。隨著時間逐步提升竿子的高度。每次貓做對了都要記得給予他讚美與獎勵。要是提升高度的速度太快或是把竿子拉得太高，貓可能會選擇從竿子下方走過去或對這個遊戲失去興致。

你可以輕鬆地把一隻腳放在椅子上，為貓打造出較高的難度。

幾次練習後，你應該會發現貓能躍過的不同坐姿；像是一腳跪著一腳前伸，或是你平舉的手臂。

記住，如果貓年紀還太小，別把跳躍這件事情弄得太有挑戰性。像這樣把腳抬高還可以，但別在他還小的時候就把難度調得太高。

手裡拿著點心用來輔助訓練相當有效。

跳圈圈

貓很容易對新東西感到不自在，所以如果能在開始遊戲前，先給他一點時間讓他自己去熟悉這個圓圈那就再好不過了。在開始的時候，讓他好好地靠近、嗅聞圓圈，不要心急。站在桌子旁，穩穩地拿好圓圈，將其垂直立起。此時你應該用一隻手拿好圓圈，另一隻手則拿著零食或玩具。

用走的

1. 慢慢地用玩具或食物引誘貓穿過圓圈。移動中的道具可能會讓他更有追逐的欲望，所以你可以丟一把零食或玩具，他就可能會為了追逐而以撲擊的方式越過圓圈，如果他這麼做了的話，讚美他。

用跳的

1. 在貓跳過圓圈的時候，你可以加入口語指令「跳圈圈」並讚美他。

貓是天生的運動好手，穿過圓圈時的身體弧度極為優雅。

2. 開始小心地提高圓圈的高度，記得要慢慢來，每個階段也要給貓充份的練習，這樣他才不會抗拒跳圈圈這回事。如果你太心急的話，貓可能會選擇從旁邊走過去或是從底下鑽過去。如果他表現出不知道該如何是好的樣子，你可以退回上一個階段，但不要把零食丟過圓圈並期待他會跟著跳過去，這次你應該以零食作為較為明確的誘餌，引誘他穿過圓圈。

互動型遊戲
貓與飼主

地點	穩固、不會打滑的安全區域
困難度	☆☆ 中等大腦運動
道具	塑膠或瓦楞紙做的圓圈，零食或玩具

乒乓球遊戲

如果你家的貓喜歡急速追逐的遊戲，這個只需要大量乒乓球的活動對他來說可能是個好選擇。

1. 選定遊戲的地點，盒子或浴缸裡都是個不錯的地點，因為乒乓球會在裡面來回彈跳，讓遊戲充滿了不確定性之外也更加刺激。

2. 把整包乒乓球倒進遊戲地點。如果你的貓有時會對新東西感到焦慮，或是他先前沒玩過這種遊戲，那你最好在一開始的時候只放一、兩顆球。

3. 鼓勵你的貓進入遊戲地點。他可能會把頭開始追著球跑，如果他對此表示抗拒，那也可以用零食或玩具來誘惑他。

4. 當貓開始享受這個刺激的遊戲後，你就可以退後、讓貓自己樂在其中了。

小提示

如果你是在浴缸裡進行這個遊戲，記得把洗髮精、肥皂、刮鬍刀、藥品什麼的都收拾妥當。若你的水龍頭是按壓式的，那你也必須留心；貓不小心打開水龍頭的時候，你手腳可得快一點。

2. 持續練習，直到貓可以在你的要求下完成動作為止。

貓必須安全著地還不能讓身體碰到圓圈。

3. 隨著練習，貓的能力與自信應該會在遊戲中獲得提升。你也可以在別的地方、嘗試讓貓以另一個方向穿過圓圈。

獨自遊玩型或是互動型遊戲 貓獨自玩耍或是貓與飼主	
地點	乒乓球不會掉到家具底下害你撿不回來的地點都可以
困難度	☆ 簡易大腦運動
道具	美味的零食、乒乓球

完美的靈活度

　　如果你已經教會了你的貓跳上跳下與跳圈圈，那你應該也可以輕鬆地教會他跳過其他道具。你可以藉由把不同高度的障礙物結合在一起，為貓打造出小型的靈活度訓練課程。貓天生就很擅長這類運動，如果你可以確定你的貓安全無虞並在身心上都能接受這類活動，你就可以把家中的許多東西合併在一起，湊成這個娛樂性十足的遊戲。貓會不會喜歡這種遊戲還是要看他的心情跟品種，不過較活潑好動的貓通常比較容易樂在其中。

左圖：在把貓還不熟悉的道具加入遊戲之前，先讓他習慣這些道具。

1. 讓貓從跳過較低高度的簡單道具開始，等貓有進步、變得更有自信之後再把跳躍複雜化並將多種跳躍結合在一起。

2. 依照前述的跳躍與跳圈遊戲教學，貓會對跳過你所指定的物體有大略的認知。

3. 要將兩個以上的跳躍動作結合在一起，你必須確定貓從第一個跳躍就知道下一個跳躍地點在哪裡，並且要確保他能獲得獎勵。別忘了，要讓貓付出勞力就必須讓他覺得自己的付出是值得的。

4. 想要提升遊戲的難度，你可以把其他種挑戰跟不同種類的跳躍動作結合在一起，像是爬上貓抓板、穿過貓隧道、鑽進再鑽出椅子或凳子的狹窄縫隙等等。你可以漸漸打造出一個活潑又刺激的遊戲。有些貓相當精於這類活動，他們的飼主還會帶他們去參加這類的競賽活動，跟其他的貓爭分奪秒一較高下。覺得靈活度訓練遊戲只適用在狗身上？那你可就大錯特錯了。

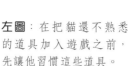

	互動型遊戲 貓與飼主
地點	貓不需要大幅度的跑動與跳躍，所以在大部份的房間裡面都可以，但還是要避免地面會打滑
困難度	☆☆☆ 高級大腦運動
道具	許多種可以加進這種障礙賽類型遊戲的道具

VentiFresh
智能UV光觸媒便盆除臭器

貓砂臭味即時捕捉 不擴散

Ventifrash喵便盆除臭器是世界首項可安裝於貓砂盆內的環保除臭器。受NASA使用同類科技啟發，小巧的體積配備全功能空氣循環機制，及最先進的UV LED和白金光觸媒技術，降解堆積在貓便盆，寵物籃以及家中躲貓貓空間內的氣味分子以減少臭味。

產品相容USB插頭或充電式隨身電源移動使用，內建智慧光感應器控制除臭功能，無須工具以磁鐵固定，輕鬆加裝讓任何有罩式貓砂盆具備除臭功能。不使用香精等過敏源，綠色節能的設計更無須替換濾網耗材。

購物網站

Video　　VentiFresh

技術規格

產品尺寸 ： 63 mm (D) x 51 mm (H) / 2,48" x 2"
建議使用空間大小 ： 45 L / 1,5 ft³ / 0,06 m³
產品重量 ： 70g
附　件 ： Mag Dot, USB-Cabel, USB-Plug
插頭規格 ： 100-240 VAC, 50-60 Hz, 0.5A
用電規格 ： 3W / 5V DC

Plug
in USB Power

Mag Dot
Easy
Magnet Install

Enjoy
Fresh Air

製 造 商：智林企業股份有限公司　　**地　址**：台北市南京東路三段28號10樓　　**電 話**：(02) 2509 - 1399

在你加入第二個跳躍的元素進入遊戲時，
記得要給予獎勵與讚美。
你的貓需要很多的動力才能繼續往前邁進。

任務完成，
該吃點零食囉！

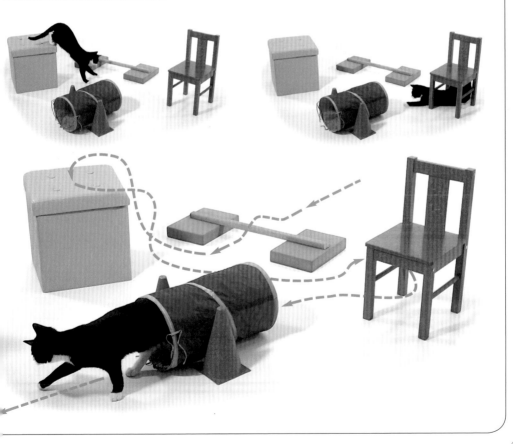

腳間穿行

有時候，貓的貓生終極目標彷彿就是在你走路時鑽過你的雙腳之間害你絆倒。本遊戲就是利用貓這個陰險的嗜好，在此之上建立架構和指令。雖然我們沒辦法保證貓在未來會不會放棄絆倒你，但讓他做出這樣的表演還是很能讓人印象深刻的。

互動型遊戲
貓與飼主

地點	在貓鑽過你雙腳之間時你還能站直的地方都可以
困難度	☆☆ 中等大腦運動
道具	零食

雙手都拿著零食有助於讓這個遊戲順利進行下去。

1. 腳間穿行的目的在於教導你的貓以受控的方式在你的腳間或腳邊移動。站起身來，藉由對貓說話、讓他看到你手裡拿著零食來吸引他的注意。

2. 雙腳打開，俯身將手中的零食靠近貓的鼻子，引誘他由後而前鑽過你的雙腳之間，等他通過後便放掉手中的零食。

要讓 8 字穿行順利完成，你必須用到雙手來維持貓活動的流暢性。

4. 要是貓還對這個遊戲興致勃勃，用第一隻手引誘他以 8 字繞行你的雙腳。在他繞行完畢之後記得放掉零食。

3. 如果貓還沒對這個遊戲失去興致，用你的另一隻手引誘他在你的腳邊繞圈，等他繞完之後放掉零食。

5. 按這個流程練習幾次，讓你的動作更流暢，也讓貓的動作更迅速。練習的時候，你可以加入口語指令「穿行」來讓它變成遊戲開始的信號。

有了足夠的練習，即使你手裡沒有拿著零食，只要做出手勢，貓還是會對此做出回應並開始這個遊戲。但還是要記得在他完成這個遊戲後給他獎勵，否則他就會失去興致，這個遊戲也就完了。

輕鬆地穿行

　　有些飼主覺得坐著教貓穿行比較舒適，由於貓的體型往往較小，這樣的作法也能讓你較輕易摸到你的貓。當貓在你坐著的時候靠近你，你也能自然地進行這項練習。

1. 用點心引誘貓繞行椅腳。若他跟著你的手前進，要給他獎勵，當他完成 8 字繞行也別忘了給他食物。

2. 將動作拆成幾個部分，以頻繁的獎勵讓貓懂得回應你的指示。記得讚美貓並給予他獎勵，這樣貓才能樂在其中並願意繼續跟你玩。

給較有創意的飼主

老實講,即便只是一個普通的紙箱,或任何類似的容器,在大多數的貓眼裡都充滿誘惑。如果你不知道這一點,我建議你可以在家裡放幾個紙箱試試。你的貓可能會把它們當作最佳的休息場所、藏身處、伏擊點或是遊戲區。一個簡單的紙箱就能為貓帶來這麼大的樂趣,飼主只要多加上一點巧思肯定能讓貓在紙箱裡面玩得不亦樂乎。

打造一個餵食用的玩具對你的貓來說可不只是一種「遊戲」而已。這些玩具能刺激你的貓,還有助於他表現出天生的探索、狩獵與進食等本能。這類遊戲最棒的地方就在於,你可以把遊戲弄得很簡單,也可以發揮一點創意,腦力激盪後來個大改造。

1. 把空紙箱放在地上或桌上。在你的貓觀望的時候,撒一些乾燥的貓零食進去。

大多數的貓都會因為好奇而來尋找食物。

超簡單

不管哪一種瓦楞紙箱都可以用在這種遊戲當中。在你打開包裹之後,空紙箱與填充材料就可以拿來給貓玩。鞋盒和用來裝濕式食物的袋子都能有全新的用途。

=== 小提示 ===

用過的包裝紙在這種遊戲中很好用,但要避免上頭有印刷的紙張,顏料要是沾到貓的身上,貓可能會因為去舔它而中毒。

接下來 如果貓喜歡這種遊戲但需要更多刺激的話呢？你可以在箱子或購物袋裡面塞滿衛生紙捲筒來增加挑戰性。散落的零食與玩具會被埋藏在衛生紙捲筒裡面，然後從貓的另一側「逃跑」，讓貓更加心癢難耐。

如果你和貓都很享受大腦遊戲，你就會很快知道，不要把衛生紙捲筒丟掉。在許多種遊戲中，它都非常好用。只要這樣它就能把購物袋變成一個小型的遊戲天地。

零食藏在這裡面的某個角落！

2. 你的貓可能會對其產生興趣並靠近。如果他對於箱子感到自在，他大概就會自己跳進去了。

3. 你可以藉由闔上紙箱的一部份來提高挑戰性。當貓跳進去裡面並開始享用點心的時候，他就可以躲在隱匿處裡面休息了。你的貓可能會比較喜歡從側面切口的入口進入箱子裡面。

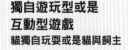

	獨自遊玩型或是 互動型遊戲 貓獨自玩耍或是貓與飼主
地點	只要是貓覺得自在的地點都可以
困難度	☆ 簡易大腦運動
道具	瓦楞紙箱、弄皺了的紙、衛生紙捲筒、玩具和零食

4. 你可以在紙箱裡面加入壓皺了的紙片，讓貓尋找零食或玩具的難度更上一層樓。一開始的時候只要放一、兩顆紙球就可以了，在貓習慣了箱子裡面的紙球之後，你可以酌量增加紙球的數量。當然，對某些貓來說，紙球也是樂趣來源之一。

貓的城堡

這個遊戲能夠讓你的貓躲進他的「城堡」裡頭，當你拿著抖動的玩具靠近他、對他進行「攻擊」的時候，他就可以從城堡的窗口進行「防禦」。

互動型遊戲
貓與飼主

地點	只要是貓覺得自在的地點都可以
困難度	☆ 簡易大腦運動
道具	瓦楞紙箱、棒狀玩具、長條緞帶或大型羽毛、用來在紙箱上開洞的剪刀或美工刀

1. 找來紙箱，在紙箱的上面與旁邊做一個入口和數個較小的「窗戶」，這些洞就是貓用來防禦你以玩具進行的攻擊的地方。看你是要選擇棒狀玩具、長條緞帶或是大型羽毛都可以。

最好用較大且堅固的紙箱來做城堡，你的貓在裡面才有轉身的空間。

2. 擺好紙箱，讓你的貓可以從任一邊進入紙箱當中。你可以用零食、玩具來引誘貓進入紙箱，不然也可以用抖動的玩具來吸引貓的注意，再不然等貓自己去摸索紙箱也可以。

3. 等貓進入紙箱之後，拿棒狀玩具從紙箱的一端移動到另一端，中途要經過其中一扇窗戶。這應該會引起貓的注意。

要是貓沒有馬上投入你絞盡腦汁的產物,也別灰心。給他一點時間,讓他藉由跟你的玩具玩耍來獲得獎勵,他會很快地對其產生興趣,然後盡情地跟玩具玩起來。

4. 讓棒狀玩具持續在紙箱上滑動,當貓試圖用腳掌抓攫或拍擊時,從窗戶邊彈跳開來,營造出逃跑的樣子。

5. 你應該在最後讓貓抓到玩具,這樣他才不會因為一直失敗而產生挫折感,繼而放棄這個遊戲。

大型窗戶能讓貓的頭部跟著爪子一起探出來。

吸引貓注意的誘餌種類五花八門。

6. 你會驚訝地發現,原來簡單手工製作出的玩具也能帶給你們這麼大的樂趣。如果紙箱的蓋子可以像這樣從上面打開,那還會為此增添更多樂趣。

抽抽樂

來喔！來喔！來玩抽抽樂喔！這個遊戲相當簡單，準備起來也不需要花費太多時間，但卻能輕鬆地讓

貓覺得樂趣無窮。家裡的每個人都可以在箱子裡面投入不同的零食或玩具來維持新鮮感。

拿一個小型到中型的箱子，在其中的一邊挖一個洞。大型的鞋盒就很理想，大多數的紙盒甚至是塑膠製的保鮮盒也能勝任這項工作。不過如果你用的是塑膠盒，要記得磨去切口的尖銳處。

	互動型遊戲 貓與飼主
地點	只要是貓覺得自在的地點都可以
困難度	☆ 簡易大腦運動
道具	瓦楞紙箱、零食與小型玩具、用來在紙箱上開洞的剪刀或美工刀

驚喜箱

貓會需要花時間來習慣新的事物，他們的心情也會影響到他們在特定時間對什麼感興趣或不感興趣，所以藉由改變給予玩具的方式來維持刺激感或許是個不錯的主意。

1. 準備三個以上的小盒子，把貓的小玩具分別放進裡面，盡量選擇不同大小與形狀的玩具。

	獨自遊玩型遊戲 貓獨自玩耍
地點	室內或是貓舍
困難度	☆ 簡易大腦運動
道具	三個小型容器和許多小型玩具

2. 你的貓會試圖探索並想辦法掏出盒子裡面的好料。

3. 如果你的貓體型較大，他可能會打翻盒子，試圖一次拿到盒子裡面的所有東西；要是這樣，那你可能必須把盒子固定在木板或把它擺在適當的位置，這樣盒子才不會那麼容易被貓打翻。

1. 盒子裡面有一些小型的玩具和好吃的零食。

小提示

藉由讓每次的獎品都不一樣來維持遊戲的新鮮感，把驚喜箱放在家裡的各個角落能讓貓在你外出時也能自己玩得很開心。

2. 一套拿來用，其他的就可以先擱置備用。

3. 每個星期都把舊的玩具收起來，再把另一組玩具放進去盒子裡。

4. 這代表貓不會一直看到這些玩具並感到厭煩，因為每次你給他的玩具都是新奇而有趣的。

零食管

需要馬上有件事情能讓貓專心在上面嗎?有個辦法能讓你在短短一分鐘之內就變出一套有趣的遊戲來,甚至家裡的小朋友們都能輕鬆辦到。你可以在事前就先做好幾管以備不時之需。

1   2

1-3 拿一個衛生紙捲筒,將其中一側壓扁至將近閉合的狀態。

在開口那一側放入些許零食,再以相似的手法縮小開口。在兩端的開口都已經收窄之後,這樣就能減緩零食掉出來的速度了。

互動型遊戲
貓與飼主

地點   只要是貓喜歡待在那裡玩的地方都可以

困難度   ☆ ☆ 中等大腦運動

道具   衛生紙捲筒、揉皺的紙張、零食或裝有貓草的玩具

以下就是如何輕鬆又快速製造出貓可以玩的餵食器的方法。

讓遊戲更具挑戰性

等你的貓漸漸掌握遊戲的方法、知道如何迅速倒出管中零食的訣竅之後,你就可以試著提升難度了。你可以試著讓他必須多付出一些努力才能獲得管中的零食,並讓他運用自身的認知能力來想辦法使管中的零食持續掉出來。

1. 這次把管壁上的孔弄得更小一點,當然也不能小到捲筒即使滾動零食仍然掉不出來的地步。

2. 在捲筒中塞進揉皺的紙球,使零食較難掉出來。

1

2

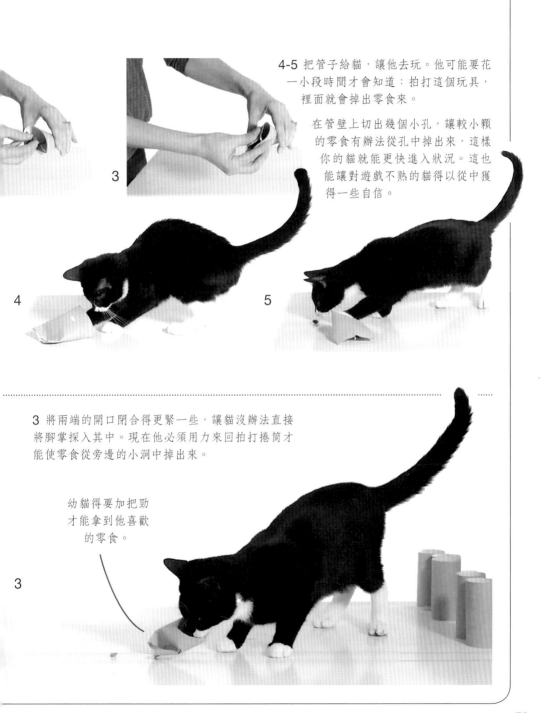

4-5 把管子給貓，讓他去玩。他可能要花一小段時間才會知道：拍打這個玩具，裡面就會掉出零食來。

在管壁上切出幾個小孔，讓較小顆的零食有辦法從孔中掉出來，這樣你的貓就能更快進入狀況。這也能讓對遊戲不熟的貓得以從中獲得一些自信。

3

4

5

3 將兩端的開口閉合得更緊一些，讓貓沒辦法直接將腳掌探入其中。現在他必須用力來回拍打捲筒才能使零食從旁邊的小洞中掉出來。

幼貓得要加把勁才能拿到他喜歡的零食。

3

6

搜索餵食器

　　這個遊戲不只有趣，對貓的健康也大有裨益。在給予貓食物的同時鼓勵他多加活動並放慢進食的速度，這樣不僅能讓你輕鬆地控制他的體重，更能緩解因無聊與壓力所產生的問題行為。

	互動型遊戲 貓與飼主
地點	讓貓可以進食與玩樂的安全且安靜的場所
困難度	☆☆☆ 高級大腦遊戲
道具	數個衛生紙捲筒、紙箱的蓋子或小型的箱子、對動物無害的膠水或膠帶、零食或小型玩具

創造搜索中心

1. 把衛生紙捲筒裁成不同的尺寸，有些裁成一半、有些裁成三分之一、有些裁成四分之一、有些裁成四分之三。目的在於用不同的高度為貓提供不同的挑戰。

2. 找來鞋盒的蓋子或是小型的厚紙板箱，用裁切完畢的衛生紙捲筒塞滿它。如果你用膠水進行黏著，那就得確保貓碰不到底部的膠水，因為我們必須避免任何貓舔舐或誤食

用塑膠杯的變種

1

2

3

如果貓的腳掌
比較大或
比較不靈活的話

　　要是貓咪的腳掌塞不進衛生紙捲筒，那你可以採用另一種設計。

4

1. 找來鞋盒或其他小型的盒子，還有免洗的塑膠杯或紙杯。將盒蓋以膠帶黏實封好，或是選用最堅固的那一面，用杯口在你想要擺放的位置上面畫圓。

2. 用剪刀剪下你畫的圓。

3. 從盒子的外側將杯子塞進剪出來的洞中，並用膠帶進行加固。等所有的杯子都處理完畢後，遊戲就可以開始囉。

4. 將零食放入杯子中，鼓勵你的貓去探索這個新玩具。

玩遊戲的方法

的可能。用膠帶來進行固定會比較安全，不過你還是得小心黏貼的位置，以避免貓把它撕下來或吞下肚。

3. 這麼做可以創造出一個滿是不同高度塔狀物的餵食地點。等一切準備就緒，膠水也已經風乾之後，你就可以把一些零食或貓食放進捲筒中，讓貓自行去尋找食物。

1. 你可以等貓自己肚子餓，也可以用零食或食物來誘惑他，讓他去探索這個搜索餵食器。

2. 在一開始的時候，你可以用簡單的、較短的捲筒來教會你的貓如何進行這項遊戲，但當你的貓學會如何把腳掌伸進捲筒中、掏出零食後，他應該就有能力挑戰較細、較長的捲筒了。

即便是幼貓也能用腳掌掏出杯子裡的食物或玩具，並享受這個過程。

把肉製的食物揉成球狀，就成了對貓而言相當有吸引力的餌食。這隻幼貓已經能夠靈巧地只用一隻腳掌就將食物掏出來了。經過練習後，就算是像餅乾或磨成粗粒的食物這類較小型、較硬的食物，貓也有辦法把它挖出來。

小提示

你也可以把玩具或羽毛放進捲筒裡面，讓貓每次都能有不同的驚喜，貓就不會太快對這個玩具失去興致。

在後院或是貓舍裡的遊戲

貓能不能到戶外去要看你所居住的地點與你的個人取捨。讓貓能到戶外去有助於讓他們發揮貓的自然本性,他們當然也因此較容易得到滿足;然而,這些所謂的自然本性也可能是你不願意讓他們出去溜達的原因:他們能平安回家嗎?如果你決定要讓他們待在屋內就好,那你所面臨的挑戰就是想辦法讓他們在安全的環境裡、不打擾鄰居安寧的情況下,從事他們喜歡的活動。

如果能讓貓在後院就能找到一大堆樂子,那他就不會跑得太遠,也就不太有機會惹出什麼麻煩來。

無論你的貓是待在後院裡還是被關在貓舍裡,你都可以改造這些地方,讓貓在裡頭能夠玩得不亦樂乎。待在戶外的時候,貓會希望有安全感,因此你必須讓貓在你所打造出的遊樂場裡感覺安全無虞,如此他也才能安心地玩耍。

藏好那隻貓

貓非常喜歡找地方把自己塞進去、藏起來,也許是因為他們想要在不受注意的情況下觀察這個世界,也許是想要躲避某些他們不認識的東西,也可能只是想要找個地方打盹。

要打造一個好的藏身處,關鍵在於仔細衡量貓的專屬區域,而且要以貓的角度出發。如果你很難想像貓在想什麼,蹲下身來、以他的視角來看這個世界或許會有點幫助。貓是以三度空間來看這個世界的,畢竟對他們來說爬高爬低、跳

獨自遊玩型遊戲 貓獨自玩耍	
地點	貓舍或是後院裡
困難度	☆ 簡易大腦運動
道具	盆栽、飼料槽、箱子、紙袋

上跳下都是很自然的事情。人類一般而言都只在地面活動，通常不會爬上爬下、尋找位於高處的休息地點，我們也因此常常忽略了這些地點對貓而言有多重要。

多少空間可以運用。

深入叢林

另一個打造藏身處與遊樂場的絕佳方法就是在你的後院或是貓舍裡頭擺放成堆的植物，不管是種在盆栽裡還是土裡，只要這些植物枝繁葉茂就可以了，這些植物的葉子能提供貓遮蔽，讓他們可以躲在植物的後面。

那我們應該提供貓多少藏身處呢？當然是愈多愈好，讓貓有選擇的餘地能使他更快樂。

往上一個階段

如果地面上有能讓貓把自己藏起來的地方，他們當然會很開心，不過也別忘了設置一些在高處的藏身地點，像是放在高處的盒子、釘在圍欄、牆上或屋頂上的架子。你要怎麼為貓打造藏身處取決於你有

小提示

雖然很多植物都很安全，但還是有些植物對貓而言是劇毒，所以在把植物種到貓的遊戲場所之前一定要先研究一下。

77

找食物

在野外，貓都會藉由搜尋與狩獵行為來取得食物。但在居家環境裡頭，這種活動往往會受到壓抑，因為我們每天都會在特定的時間把食物裝在盆子裡、擺在特定的地點給他們。這個遊戲能讓你的貓在吃下他最愛的食物前，先宣洩一下他的天性。

1. 衡量一下你要在這個遊戲中使用多少零食或乾糧，在貓進入貓舍之前先把食物拿進去。

2. 在各個地方放上一把零食，這樣貓就能在探索貓舍的同時找到這些食物，一開始你可以讓遊戲簡單一些，讓他比較容易成功。

	獨自遊玩型遊戲 貓獨自玩耍
地點	貓舍或是後院裡（室內也可以）
困難度	☆ 簡易大腦運動
道具	一些貓最愛的食物

3. 貓的表現有進步以後，你就可以開始把零食放在一些貓較難取得的地點。

泡泡吹不停

這大概是本書裡面最簡單的遊戲了，但它還是能為貓跟飼主帶來許多的樂趣。小孩也很愛這個遊戲，不過在玩的時候要小心，別讓孩子只顧著追泡泡而踩到你家的貓。

你可以在開放的空間裡面用肥皂水吹出泡泡，然後看貓會有什麼反應。

如果你的貓很愛這個遊戲，你也可以購入以電池為動力的吹泡泡機來吹出更多泡泡。

	互動型遊戲 貓與飼主
地點	在貓舍或後院裡
困難度	☆ 簡易大腦運動
道具	可以產生對貓咪無害泡泡的泡泡機

提升難度

把食物放在紙製的杯子或盤子底下，如果貓知道底下有食物的話他應該會對其產生興趣。

採用較輕的塑膠碗，讓貓可以輕鬆地移動它。

一開始的時侯，你會需要讓你的貓看到碗的底下有好吃的東西，但只要玩過幾次之後，貓就能夠自行找到食物了。

好奇的貓有食物吃。

爬高高

貓只要逮到機會就會想爬高，這是他們的天性。貓知道怎麼爬高，但是他們還是需要練習才能精於此道。經過鼓勵，他們會發現在高處休息與探索的樂趣，然後在很短的時間裡開始開開心心地爬上爬下。

也許你很幸運，後院裡就剛好有一棵能讓貓爬上爬下的樹，但用大型原木或樹枝擺在安全、適合的地方，做成一個貓專屬的攀爬區域，對大多數的飼主而言會是比較好的選擇。

對於你的貓來說，原木可能會有許多不同的用途。

要為貓帶來更多攀爬的樂趣，你可以選擇

先從把木頭平放在地面開始。

1. 以水平方式將木頭放在地上，讓貓自己去摸索它。他可能會把它拿來當作抓扒的對象，對於伸展筋骨和表現貓的本能都很有幫助。

2. 將原木以些微傾斜的角度擺放，讓貓得以攀爬其上。你可以用零食或玩具引誘他爬或跳到上面去，讓他追逐棒狀玩具、刺激他、讓他爬到上面去就是個好辦法。

「梯子」；老舊的木梯在這個時候就可以發揮新的效用。要是你還滿擅長手工製作物品的話，你也可以用多餘的木材自己做一架梯子出來。對於那些對攀爬還不熟的貓來說，如果你可以將階梯包覆妥當或用毯子把它包起來，這將會讓攀爬變得更有吸引力，對於沒那麼靈巧的貓，這樣不僅能止滑，也能讓攀爬變得比較輕鬆。舊毯子拿來做這件事情再合適不過了，當它們不堪使用的時候，你也可以毫無負擔地把它們換掉。

獨自遊玩型或是互動型遊戲
貓獨自玩耍或是貓與飼主

地點	貓舍或是後院裡
困難度	☆ 簡易大腦運動
道具	樹、大型原木或枝幹

右圖：貓的攀爬能力相當優越，可以輕鬆爬上相當陡峭的高度。DIY 愛好者也可以用木材的邊料製作出活梯。

你不必為你的貓花錢買做好了的貓跳台，
只要把堅固的枝幹隨意擺放在後院裡頭就能有同樣的效果。

當貓進行探索時，
確保木頭的穩定性
足夠。

樹枝也可以
充當貓抓板。

要引誘貓爬上木
頭，羽毛是個絕
佳的誘餌。

3. 也許你會想增加原木的角度，乃至於將其垂直擺放，雖然這都隨你高興，但是你還是應該好好觀察貓的喜好，繼而調整攀爬的角度，以符合他身體機能的需求。貓會漸漸變老，靈活度與機動性也會不如以往，你也必須為此作出調整。

━━ 註記 ━━

當然你也可以選擇購入精美的貓跳台，不過貓跳台通常是在室內使用的。請試著在屋內與屋外都設置讓貓可以攀爬的區域，讓他們可以盡情將本性展露無遺。

皮納塔

皮納塔是一種常見的慶典元素，通常是以紙張或陶瓷製成，在外頭加上裝飾，而在裡面放入零食與甜點。只要打擊它，零食就會從裡面掉出來。你可以做個較簡單的版本來讓你的貓玩。由於懸吊著的玩具較不易控制，所以通常我們不建議讓貓玩這類的玩具，但我們可以做個比較安全的版本。

	獨自遊玩型或是互動型遊戲 貓獨自玩耍或是貓與飼主
地點	在貓舍或後院裡
困難度	☆☆ 中等大腦遊戲
道具	你會需要一個稍高的地點來固定玩具、紙袋或是外帶杯。零食、小型玩具、若你的貓喜歡貓草的話也可以準備一點。

紙袋

紙袋有許多種玩法，不僅在家裡，在貓舍裡也能同樣派上用場。

1

4. 你也可以在紙袋上方打洞，用浴簾勾或是登山用鐵鎖把皮納塔固定在貓舍或後院裡，或是用夾子將紙袋固定在你覺得方便的地方。

3

2

1. 準備好一個紙袋。如果貓將頭或手穿過提帶可能對他造成傷害，所以要先去除掉紙袋上的提帶。在紙袋的側邊與底部挖出一些小洞，讓貓可以從這些小洞聞到袋中食物的味道。

2. 把食物放入袋中，並將袋口封好，確保食物不會太容易從裡面掉出來。

3. 最簡單的遊戲方法就是把袋子放在地上，貓會自己去撥弄這個袋子，甚至是鑽進去裡面。

注意

只要是內容有可能對貓造成傷害的遊戲都應該竭力避免。雖然在這個遊戲中，用橡皮筋或細繩來固定皮納塔會很方便，但請**不要在你不在場的時候**讓貓接觸到這些物品，貓誤食的話會有窒息的危險。我也不建議在飼主不在場的時候讓貓獨自玩弄任何懸掛的玩具。

只要運用家具，你也可以在涼亭或溫室裡讓你的貓進行這項遊戲，像是高腳椅就可以拿來充當懸掛皮納塔的橫梁。

這隻幼貓學會了如何讓零食從袋子裡掉出來。

在貓對這個遊戲有了一定的認識、知道紙袋裡面會掉出什麼東西來以後，你就不需要事前在紙袋上打洞了，也可以試著把皮納塔吊在一些比較難搆到的地方，像是樹枝或壁架上，讓貓必須要助跑才有辦法搆到紙袋，這會使遊戲變得更有挑戰性。

過橋

一般的貓都有著絕佳的平衡感,所以對你的貓來說,這個遊戲應該不會有什麼問題。在他的能力與信心獲得提升後,你可以把這個元素放進其他較大型的表現整體靈敏度的活動中。如果想要知道如何將多種不同障礙放入靈敏度的訓練中,請參照第62頁。

1. 將木板或是用來當作「橋」的物體放在穩固的平面上,使其不會晃動。

2. 鼓勵你的貓來到木板的其中一端,用零食引誘他踏上木板。這個階段的目標是要讓你的貓能夠走過木板的長度而不踏空。你可能會需要循序漸進,慢慢建立起他的這項能力,這點要視貓的自信而定。

3. 讓你的貓前進,將零食拿得稍遠一點,通常你的貓會跟著你的手走。

	獨自遊玩型 或是互動型遊戲 貓獨自玩耍或是貓與飼主
地點	你可以在家裡進行這項遊戲,在貓舍或是你家後院也是可以的
困難度	☆☆ **中等大腦遊戲**
道具	木板、零食獎勵,如果玩具有效,那玩具也可以拿來充當誘餌

4. 最終,你的貓應該要在成功走到橋的另一端時獲得獎勵。

5. 開始在手中沒有拿著食物的情況下進行練習,但還是要在他表現良好的時候給予獎勵。

6. 當貓可以熟練地進行這項遊戲之後,你就可以開始加入「過橋」這個口語指令了。

前進

小心地提升橋的高度，你可以把木板放在厚重的書上、瑜珈磚上、或是把它放在兩張較矮的凳子或椅子上。道具的選項取決於你所在的地點、你手邊的道具與貓的能力。

1 當你要提升橋的高度時，瑜珈磚可以充當穩固的地基。在貓變得更有自信後，你可以用更多塊瑜珈磚來增加橋的高度。

2 零食是個相當好的誘餌，可以用來引誘貓走過橋並靠近你。

馬戲團的貓

把數種有趣的活動結合在一起可以提供貓活動身心的機會，對你的家人或朋友來說，這也會是一種令人驚艷的表演。你可以依照貓的喜好、能力與訓練程度來調整這個遊戲。

你也可以試著把多個不同的遊戲結合在一起，像是：跳上去、過橋、跳圈圈、然後揮手，最後再讓貓以勝利者的姿態坐在頒獎台上，為這場表演畫下句點。

上圖：當貓可以自信地走過橋之後，你就可以在遊戲中加進其他的元素，像是圓圈。

85

給較外向貓的遊戲

也許你已經知道將目標訓練用在其他動物（通常是狗）身上會有多大的樂趣，但你可能沒想過，這也能用在貓身上。這個章節就將告訴你如何將其運用在貓身上。拿本書中的大多數遊戲來說，要教會貓這些技巧著實是項挑戰，但在付出耐心與練習之後，其結果也必然會讓你感到無比的滿足。

響片

你能藉由運用響片來增強目標訓練的效果（請見第三章），響片可以在貓碰觸到目標的瞬間告訴他：他做出了你想要他做的事情。如果你不想用響片，你也可以用時間抓得剛好的讚美來代替，像是「好！」或是「對！」或用舌頭發出「咯咯」的聲音也可以。使用的方式我們已經在第三章介紹響片的時候提過了。

用腳掌碰觸目標

目標有許多種樣式，像這個有著明亮顏色的圓盤也可以拿來對狗進行目標訓練。

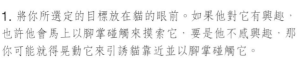

這個遊戲是要教你的貓最基本的動作，讓他在你的要求之下，以腳掌去觸碰特定的目標。而響片則是用來強化你對貓正確動作所做出的反應，也就是獎勵。

1. 將你所選定的目標放在貓的眼前。如果他對它有興趣，也許他會馬上以腳掌碰觸來摸索它，要是他不感興趣，那你可能就得晃動它來引誘貓靠近並以腳掌碰觸它。

2. 立即用響片發出聲音，讚美並獎賞他。

晃動目標
可以吸引貓的
注意力。

	互動型遊戲 貓與飼主
地點	室內，只要是貓覺得自在的地方都可以
困難度	**☆1至3顆星** ☆☆☆ 這要看你對於目標訓練有多熟而定
道具	目標物，像是杯墊、便條紙、有顏色的膠帶、有覆膜的卡片

用鼻子碰觸目標代
表貓對其有興趣，
但只有用腳掌觸碰
你才要用響片發出
聲音並給予獎勵。

在訓練與規律的獎勵
之下，貓會知道以腳
掌碰觸目標是你希望
他做的動作。

3. 重覆練習幾次，鼓勵你的貓以腳掌碰觸目標，每次他做對了你都應該給他獎勵。幾次訓練之後，你的貓應該對於以腳掌碰觸目標會更有自信。

4. 開始將目標往下移個幾吋。如果他已經知道碰觸目標就會有獎勵，他應該會很快地靠近並碰觸它。當他這麼做的時候，像之前那樣，以響片發出聲音並獎勵他。

5. 開始加入信號來鼓勵貓接近目標，像是「去摸」之類的，不過有些貓只要手勢夠清楚就可以了。在貓碰觸到目標的時候，發出信號並給予獎勵。

6. 在幾次練習之後，你可以把目標挪得離貓遠一點，讓他必須要走一小段路才能碰到目標。

7. 繼續練習，在他走去碰目標的途中說出口語指令。他最後還是會把前去碰觸的動作與這個口語指令連結在一起。

8. 在充分的練習之後，你的貓應該在家裡的各個地點都能順利前去碰觸目標。當然，這還是要看他周遭的干擾有多少還有你所給予他的練習量而定。

方向有差

你應該先想好你要怎麼用這個目標，你是希望貓接近你來碰觸目標，還是遠離你來碰觸目標？調整你的練習使其適合這個行動。

進去貓籠

　　用腳掌碰觸目標的能力可以用在許多種遊戲中，除此之外，你也能運用它來讓你的貓更願意進入或離開貓籠。待在貓籠裡面旅途奔波可能會使貓備感壓力，因此降低他的焦慮感將會很有幫助。

---- 小提示 ----

理想狀態下，你應該針對不同行動採用不同的目標物。舉例來說，想讓貓用腳掌碰觸的目標用一個，想讓他躺在上面的目標用一個，想讓他用鼻子碰觸的目標又一個。你必須決定好要怎麼使用你的目標物，最好做個筆記來記錄哪個目標物是做什麼的，以避免使貓無所適從。

1. 盡可能拆解貓籠，只留下底座的部分。在其附近對貓進行碰觸的練習，讓貓逐漸習慣它。如果貓已經對貓籠感到焦慮，那就把貓籠擺在那邊，放個幾天，讓貓習慣它的存在，然後再於貓籠附近進行練習。

5. 在貓願意進入貓籠之後，別急著把門關上。你應該要幫助貓學習：貓籠是個消磨時間的好地方。

當你確定貓喜歡這個地方後，你可以在貓

吃東西的時候短暫地關上籠門，然後逐漸地延長關上門的時間，這樣他才不會產生自己被困住的感覺而進入恐慌狀態。

2. 將目標物挪近籠子，慢慢試著將其放在籠子的底座，讓貓可以走進籠子去碰觸目標物。請在貓覺得舒服的地方進行這項練習，也不要催促他。

3. 繼續練習，直到貓能夠完全走進貓籠的底座　並維持快樂與平和為止。

4. 下一步就是把貓籠的頂部裝回去。讓貓自己慢慢熟悉它之後，再要求貓去碰觸位於貓籠入口的目標物，接著將目標物往籠子內部移動，引誘貓進入貓籠裡面。如果他能順利進到那裡，他值得一份較大的獎勵。

6. 練習之後，你可以在貓進入貓籠的時候加上「進去籠子」之類的口語指令。藉由獎勵與讚美，你可以慢慢撤掉目標物，讓貓只憑你的口語指令便做出進入貓籠的反應。

這隻貓已經習慣於貓籠門關起來的狀態，而且可以在飼主的要求下安分地待在裡面。

如果目標訓練有助於貓克服對於幽閉空間的厭惡，你會覺得一切都是值得的。

按服務鈴

許多有趣的貓故事都會把貓寫成是「主人」,而我們這些飼主就是家裡的僕人,竭心盡力滿足主子的每個需求。我們就把這個概念具現化成遊戲吧。首先要教會你的貓「用腳掌去碰觸目標」來讓他去碰觸鈴鐺。雖然多數的貓都有辦法讓我們知道他想要什麼,但是教會貓按鈴的把戲能讓這個信號更加清楚,還能讓來訪的客人耳目一新喔!

一開始的時候你要教貓去碰觸目標物,然後再教他去碰觸鈴鐺。

1. 理想狀況下,在你加入鈴鐺之前,你應該要先教會你的貓「用腳掌去碰觸鈴鐺」這個遊戲。觀察你的貓的碰觸是屬於哪一種類型。如果你的貓是用橫向的揮擊而非由上往下的拍擊,那你可能得花一點時間訓練他按下目標標籤來獲得獎勵。在你教會了他如何以正確的腳掌動作拍擊目標後,你就可以把標籤貼在鈴鐺上。(如右圖)

2. 試著讓貓去碰觸鈴鐺附近的目標物,注意別讓鈴鐺的聲音響得太大聲而嚇跑你的貓,盡可能降低鈴鐺的音量。如果做不到這一點,那你可以試著讓貓從一段距離之外慢慢去習慣鈴鐺的聲音,然後再慢慢縮短鈴鐺的距離。如果你讓貓把鈴聲跟食物的到來連結在一起,貓就會知道聽到鈴聲就代表有好吃的了。

3. 在你的貓碰觸了貼在鈴鐺上的目標物,以響片發出聲響並給予獎勵。一開始的時候,貓並不一定要按得很大力讓鈴鐺發出聲響。你可以反覆進行這項練習,讓貓逐漸習慣這個動作。

互動型遊戲
貓與飼主

地點	在干擾較少的地方,最好是你最終希望貓表演這項把戲的場所
困難度	☆☆☆ 高級大腦遊戲
道具	用來充當目標物的標籤、響片、服務鈴、零食

按壓得夠好就會
讓鈴鐺響起。

4. 你現在大概會想要讓貓在按壓這個動作上使出更大的力氣。延遲獎勵與讚美的時間來讓貓試著重覆一次剛剛的動作，貓通常會因為挫折感而加大按壓的 力道，貓做出這個動作你就可以給他獎勵了。在練習之後，貓應該只在按壓得夠大力的時候才能獲得獎勵。

讓貓依照你的指示按壓鈴鐺，
然後給他獎勵。

5. 在貓有辦法按鈴之後，你可以在他按鈴的時候加入你的口語指令「按鈴」。持續練習，直到他能夠依照你的指示按鈴為止。

6. 你可以在最後撕去鈴鐺上的標籤，讓貓去按壓鈴鐺本體，要怎麼做就取決於你是拿什麼來當作標籤的了。如果你是用卡片來當作標籤，那你可以在練習的時候把卡片剪成小塊，逐步縮減卡片的大小，直到只剩下鈴鐺本體為止。如果你是用便利貼，那你可以把便利貼的位置擺在靠近鈴鐺但貓必須伸手才能搆到的地方，在貓碰觸到鈴鐺的時候你就要以響片發出聲響，幾次練習之後，貓就會明白，不是要碰觸便利貼，而是要碰觸鈴鐺才會獲得獎勵。

7. 如果你在一開始的時候讓鈴鐺發不出聲音，那在貓能夠有自信地碰觸鈴鐺後，你可以試著讓鈴鐺恢復作用。你要做好準備，在鈴鐺聲第一次響起的時候馬上給予美味的獎勵。貓會很快地將聲音與好吃的東西連結在一起。

小提示

也許你會想教貓按鈴來讓你給他零食或幫他開門，但當你不在的時候，記得要拿掉鈴鐺，這樣貓才不會在你不在的時候還想著去按鈴。如果你沒有做到這一點，貓可能會因為按鈴卻沒有得到獎勵而受挫，更可能會因此在未來對這個遊戲失去興趣。要拿走鈴鐺的另一個原因在於，貓跟人有著不同的生活作息，如果你不拿走鈴鐺，你可能會在晚上的時候聽見貓想吃點心的「叮鈴」聲。

在你的鼻子底下

教會你的貓來碰觸你的手或是特定的目標不只可以刺激他的大腦，有時候也滿有用的。藉由教你的貓用鼻子或頭部來碰觸你的手或是特定的目標，並期待會有美好的事物降臨，你可以使他更願意從一個地點移動至另一個地點而不會有太大的抗拒。

1. 把你選定的目標放到貓的面前，距離他幾吋的距離就好，太近會嚇到他，太遠又會讓他沒辦法用鼻子碰到目標。如果你的貓對這個遊戲感興趣的話，他應該會靠過來，用鼻子聞那個目標。

你必須在精確的時間按下響片並給予零食，或是讚美你的貓並給予零食。

2. 再次拿出目標物，在貓用鼻子碰到目標物的時候，以響片發出聲音並給予零食。你可以輕輕晃動來引起貓的興趣，但你不是要他用抓的，所以別晃得像你手中拿著玩具似的。

在貓的頭碰觸到目標的時候按下響片並給予零食。

3. 重覆這個「拿出目標然後給予零食」的循環幾次。要是你的貓很容易對事物感到厭煩，你要盡量縮短這個流程，並在稍事休息之後再繼續進行訓練。

互動型遊戲
貓與飼主

地點	選擇一個你的貓感覺舒適的地點，稍高的平台就是一個開始訓練的好地方
困難度	☆1至3顆星 ☆☆☆ 這個遊戲的難易度取決於你如何運用目標活動
道具	你的手或目標物、響片、零食

其他應用

在你的貓熟悉這個遊戲之後，你可得，如果你變換了場所或採用了新的你可以用這個動作來讓貓通過障礙物，鍵的階段堅持下去。還有其他更實際計之類的。不少寵物都有體重過重的問減是件很有幫助的事情。當然你可以把但他可能逮到機會就想走，要是你抱的數字。相對的，你可以要求你的你的任務就能以平和又無壓力的方另一個有趣的應用讓你的貓從你和家趣的事情，用選定地在這個遊戲中勝出。「你最喜歡誰？」然後一邊靠過來用頭碰你的手。是有那麼多時間在訓練他了，讓你贏得

以將其應用在不同的地方，但要記道具，你的步調必須要放慢下來。使他以你的手做為目標或是在關的用法，像是讓你的貓站上體重題存在，能隨時注意貓體重的增他拎起來，要他站在體重計上，著他，可能又不好看到體重計上貓自己站上體重計去碰觸目標，式完成了。

就是拿來玩「你最喜歡誰？」人中選出最喜歡的人是件很有的暗語或手勢就可以很輕鬆以毫不知情的樣子問你的貓：做出手勢，你的貓應該就會麼一點狡猾，不過你都花那這份殊榮應該也不過份吧？

4. 以稍微不同的方式拿出目標物，高一點、低一點或是不同方向都可以，但仍舊在貓碰觸到目標物的時候給予獎勵。

你可以藉由移動目標來使貓的碰觸產生變化。

5. 當貓碰觸目標物的動作愈來愈迅速的時候，你可以把它放得稍微遠一點，讓他必須要移動一小段距離才能碰觸到目標。

6. 理想狀況下，你可能會希望貓做出確實的碰觸動作，所以你得要延遲讓響片發出聲音或是說「好」的時間，直到貓用比較重的力道碰觸目標為止。不過要注意，要是你對貓有太高的期望、延遲獎勵的時間過久，貓可能會對此失去興致。

7. 開始在遊戲中加入口語指令，但如果你已經在其他動作中用過「接觸」這個指令，那就要避免在這個遊戲中使用相同的指令，你應該使用新的詞彙，像是「碰觸」之類的，並記得採用適當的語調。

8. 經過一段時間後，你應該有辦法將目標擺在離貓有一段距離的地方，並讓貓很樂意地過去「碰觸」目標。

躺上去

這個遊戲的目的是要教會你的貓去躺在特定的目標物上，這個遊戲應該不是什麼特別困難的事情，尤其是當你挑了你的貓本來就喜歡躺的目標的時候更是如此。你可以運用目標物讓你的貓前往某個地點並躺在上面。活潑的貓可以很輕鬆地學會這項遊戲，雖然較慵懶的貓也同樣適用，但他們還是不太喜歡得要爬起身來、走到另一個地方再躺下，別抱太高的期望。

採用的目標不能從平面上滑開。

1. 把墊子放好，並引誘貓躺在上面。如果他做到了，給予他獎勵。

教會你的貓躺在指定地點會為你帶來實際的好處。

互動型遊戲
貓與飼主

地點	貓熟悉的地方，最好是在稍高的平台上
困難度	☆1至3顆星 ☆☆☆ 這個遊戲的難易度取決於貓的能力與你的手段。如果你在這個遊戲之前已經教會了貓「躺下」的指令會很有幫助
道具	止滑墊是個完美的選項，記得要將其與其他「躺下」遊戲中的目標物做出區分

4. 你的貓可以確實地躺在目標物上之後，加入你的口語指令「躺上去」，記得也要跟其他指令做出區隔。經過練習之後，你就可以把目標物移到其他地方，並要求你的貓躺上去。

貓確實做出
動作之後，
先讓他躺個
幾秒鐘再重
覆這個訓練。

有用的應用方式
這個技能不管是在要梳毛還
是要幫貓進行檢查的時候都
很好用，你也可以把目標物
放在貓籠裡面，貓應該會走
進去，且不會因為你要求他
待在裡面而感到不適。

2. 讓你的貓離開墊子，在短暫的休息之
後再讓他回來躺下，並再次給予他獎勵。

3. 每次你的貓躺在目標上，他都應該獲
得獎勵與讚美。

你可以逐步
縮小目標物，
繼而將目標
物整個拿掉。

接下來 你可以逐漸
縮小目標物。有些
貓對此一點障礙
也沒有，在經
過反覆訓練之
後，他們可以找到當初得到獎勵的
地點。不然的話，你也可以把目標
物放在稍遠的地方，在貓走到你想
要他躺下的地方時，以響片發出聲
音並給予他獎勵。你可以藉由獎勵
貓前往指定地點並做出指定動作，
逐漸移除目標物本身。

5. 如果貓表現出無所適從的樣子，你可
以在他靠近並碰觸墊子的時候給予他獎
勵。當他知道這會為他帶來好處之後，開
始在給予他獎勵之前鼓勵他去躺在目標物
上面。

致謝

　　非常感謝所有幫助我完成這本書的各位。我要感謝丈夫的耐心，我要長時間待坐在電腦前，這點也要謝謝兒子對我的容忍，也是他們為我在非工作的時間裡帶來了諸多的樂趣。感謝我的好朋友露芙，她看完了整本書的初稿並給了我很多很有用的建議。感謝製作團隊給我這個機會並用了這麼多時間陪我完成這本書。

　　還要特別提到英國薩里郡的王牌貓咪救援（Ace Cat Rescue），書中這些美麗的貓咪全部都是由他們所提供的。拍攝貓的照片不是件簡單的事，但照片中的貓卻又是如此美麗。我誠摯地希望身兼訓練家與救援人員的蘇·奧特曼能繼續幫助流離失所的貓，讓他們能找到溫暖的新家。

照片來源

Shutterstock.com

Evgeniia Abisheva: 21 bottom.
absolutimages: 26 top right, 34 bottom (cat).
afitz: 80 left.
Ermolaev Alexander: 12 bottom, 13 top, 21 top, 29 bottom, 36 (both pictures), 38 (all pictures), 93 top (cat).
Aliwak: 9 top (mouse).
Khomulo Anna: 25 top (cat).
ANP: 11 bottom.
Bloomua: 30 bottom (phone).
Elena Butinova: 20 bottom.
Tony Campbell: 10 top, 11 top, 18 top right, 37 bottom.
Mark Caunt: 76.
Linn Currie: 22 bottom.
cynoclub: 31.
eZeePics: 30 top.
5 second Studio: 28 bottom.
greenphile: 93 top (scales).
Eric Isselée: 10 bottom left, 22 top (cat), 27 top (cat), 77 top (cat), 95 centre (cat).
vita khorzhevska: 32 top.
Rita Kochmarjova: 14 left.
Denys Kurbatov: 77 bottom (bubbles).
Andrey_Kuzmin: 17 centre (kittens).
Oksana Kuzmina: 12 top, 79 bottom (kittens).

Lenkadan: 81 bottom right.
Lepas: 8.
Natalie Lukhanina: 18 top left.
Madlen: 77 top (herbs).
mashimara: 77 bottom right.
Malyshev Maksim: 94 centre (cat).
mdmmikle: 28 top.
My Good Images: 9 top (cat).
Okssi: 79 top (cats).
Sari ONeal: 77centre left.
Martina Osmy: 19 top.
photomak: 13.
Vic and Julie Pigula: 16 top (kitten).
Anurak Pongpatimet: 16 bottom left.
Anucha Pongpatimeth: 24 bottom (cat).
pryzmat: 33 (hands).
Julia Remezova: 9 bottom left.
Fesus Robert: 23.
rysp_z: 9 centre right.
Atiketta Sangasaeng: 77 top (shrub).
schankz: 26 bottom left.
Voronina Svetlana: 77 top (grass).
Diana Tallun: 37 top.
Tanee: 52 top.
Nikolay Titov: 43 bottom (kitten).
Ivonne Wierink: 17 centre (toy).
Sonsedska Yullia: 33 (cat), 81 bottom left.
yykkaa: 15 top.

國家圖書館出版品預行編目資料

貓咪的腦部訓練：完整圖解教學33個簡單卻多樣化的大腦訓練遊戲！/ 克萊兒・艾洛史密斯(Claire Arrowsmith)著. 楊豐懋譯. -- 初版. -- 臺中市：晨星, 2018.04

面；　公分. -- (寵物館；61)

譯自：Brain games for cats

ISBN 978-986-443-413-8(平裝)

1.貓　2.寵物飼養　3.動物行為

437.364　　　　　　　　　　　　107001675

寵物館 61

貓咪的腦部訓練：

完整圖解教學 33 個簡單卻多樣化的大腦訓練遊戲！

作者	克萊兒・艾洛史密斯 (Claire Arrowsmith)
譯者	楊豐懋
主編	李俊翰
責任編輯	李佳旻
美術設計	張蘊方
封面設計	言忍巾貞工作室

創辦人	陳銘民
發行所	晨星出版有限公司 407 台中市西屯區工業三十路 1 號 1 樓 TEL：04-23595820 FAX：04-23550581 E-mail：service@morningstar.com.tw 行政院新聞局局版台業字第 2500 號
法律顧問	陳思成律師
初版	西元 2018 年 4 月 1 日

總經銷	知己圖書股份有限公司 106 台北市大安區辛亥路一段 30 號 9 樓 TEL：02-23672044 / 23672047　FAX：02-23635741 407 台中市西屯區工業三十路 1 號 1 樓 TEL：04-23595819　FAX：04-23595493 E-mail：service@morningstar.com.tw 網路書店 http://www.morningstar.com.tw
讀者專線	04-23595819#230
郵政劃撥	15060393（知己圖書股份有限公司）
印刷	上好印刷股份有限公司

定價 290 元
ISBN 978-986-443-413-8
Brain Games for Cats
Published by Interpet Publishing
© 2016 Interpet Publishing.
All rights reserved

◆讀者回函卡◆

姓名：＿＿＿＿＿＿＿＿＿ 性別：□男 □女 生日：西元 ／ ／

教育程度：□國小 □國中 □高中／職 □大學／專科 □碩士 □博士

職業：□學生 □公教人員 □企業／商業 □醫藥護理 □電子資訊
　　　□文化／媒體 □家庭主婦 □製造業 □軍警消 □農林漁牧
　　　□餐飲業 □旅遊業 □創作／作家 □自由業 □其他＿＿＿＿＿

E－mail：＿＿＿＿＿＿＿＿＿＿＿＿＿＿ 聯絡電話：＿＿＿＿＿＿＿＿＿

聯絡地址：□□□＿＿＿＿＿＿＿＿＿＿＿＿＿＿＿＿＿＿＿＿＿＿＿＿

購買書名：貓咪的腦部訓練＿＿＿＿＿＿＿＿＿＿＿＿＿＿＿＿＿＿＿

· **本書於那個通路購買？** □博客來 □誠品 □金石堂 □晨星網路書店 □其他＿＿＿

· **促使您購買此書的原因？**

□於 ＿＿＿＿＿＿ 書店尋找新知時 □親朋好友拍胸脯保證 □受文案或海報吸引

□看＿＿＿＿＿＿＿網路平台分享介紹 □翻閱 ＿＿＿＿＿＿ 報章雜誌時瞄到

□其他編輯萬萬想不到的過程：＿＿＿＿＿＿＿＿＿＿＿＿＿＿＿＿＿

· **怎樣的書最能吸引您呢？**

□封面設計 □內容主題 □文案 □價格 □贈品 □作者 □其他＿＿＿＿＿

· **您喜歡的寵物題材是？**

□狗狗 □貓咪 □老鼠 □兔子 □鳥類 □刺蝟 □蜜袋鼯

□貂 □魚類 □烏龜 □蛇類 □蛙類 □蜥蝪 □其他＿＿＿＿＿

□寵物行為 □寵物心理 □寵物飼養 □寵物飲食 □寵物圖鑑

□寵物醫學 □寵物小說 □寵物寫真書 □寵物圖文書 □其他＿＿＿＿＿

· **請勾選您的閱讀嗜好：**

□文學小說 □社科史哲 □健康醫療 □心理勵志 □商管財經 □語言學習

□休閒旅遊 □生活娛樂 □宗教命理 □親子童書 □兩性情慾 □圖文插畫

□寵物 □科普 □自然 □設計／生活雜藝 □其他＿＿＿＿＿

感謝填寫以上資料，請務必將此回函郵寄回本社，或傳真至 (04)2359－7123，
您的意見是我們出版更多好書的動力！

· **其他意見：**

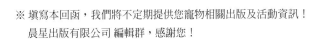

※ 填寫本回函，我們將不定期提供您寵物相關出版及活動資訊！
　 晨星出版有限公司 編輯群，感謝您！

也可以掃瞄 QRcode，
直接填寫線上回函唷！

407
台中市工業區 30 路 1 號

晨星出版有限公司
寵物館

請沿虛線摺下裝訂，謝謝！

2018 年 7 月 1 日前填寫並寄回本書回函，就有機會抽大獎！

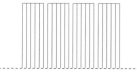

VentiFresh 智能 UV 光觸媒便盆除臭器（共計五名得獎者）
製造商：智林企業股份有限公司

得獎名單將於 2018 年 7 月 30 日公布於晨星出版寵物館粉絲專頁！
填寫線上回函還可以多得一次抽獎機會喔！